我们的星球

[英] 阿拉斯泰尔·福瑟吉尔（Alastair Fothergill）
[英] 基思·肖利（Keith Scholey） 著

林巍 吴灏 译

江苏凤凰科学技术出版社
·南京·

苏省版权局著作权合同登记 图字：10-2019-096

图书在版编目（CIP）数据

我们的星球 /（英）阿拉斯泰尔·福瑟吉尔，（英）
基思·肖利著；林巍，吴灏译．— 南京：江苏凤凰科
学技术出版社，2021.8（2023.1重印）
ISBN 978-7-5713-1682-2

Ⅰ．①我… Ⅱ．①阿… ②基… ③林… ④吴… Ⅲ．
①自然科学—普及读物 Ⅳ．① N49

中国版本图书馆 CIP 数据核字 (2021) 第 002199 号

我们的星球

著　　者　[英] 阿拉斯泰尔·福瑟吉尔（Alastair Fothergill）
　　　　　[英] 基思·肖利（Keith Scholey）
译　　者　林　巍　吴　灏
责任编辑　沙玲玲
助理编辑　杨嘉庚
责任校对　仲　敏
责任监制　刘文洋

出版发行　江苏凤凰科学技术出版社
出版社地址　南京市湖南路 1 号 A 楼，邮编：210009
出版社网址　http://www.pspress.cn
印　　刷　上海当纳利印刷有限公司

开　　本　950 mm × 1 194 mm　1/16
印　　张　19.5
字　　数　319 000
插　　页　4
版　　次　2021 年 8 月第 1 版
印　　次　2023 年 1 月第 3 次印刷

标准书号　ISBN 978-7-5713-1682-2
定　　价　168.00 元（精）

OUR PLANET

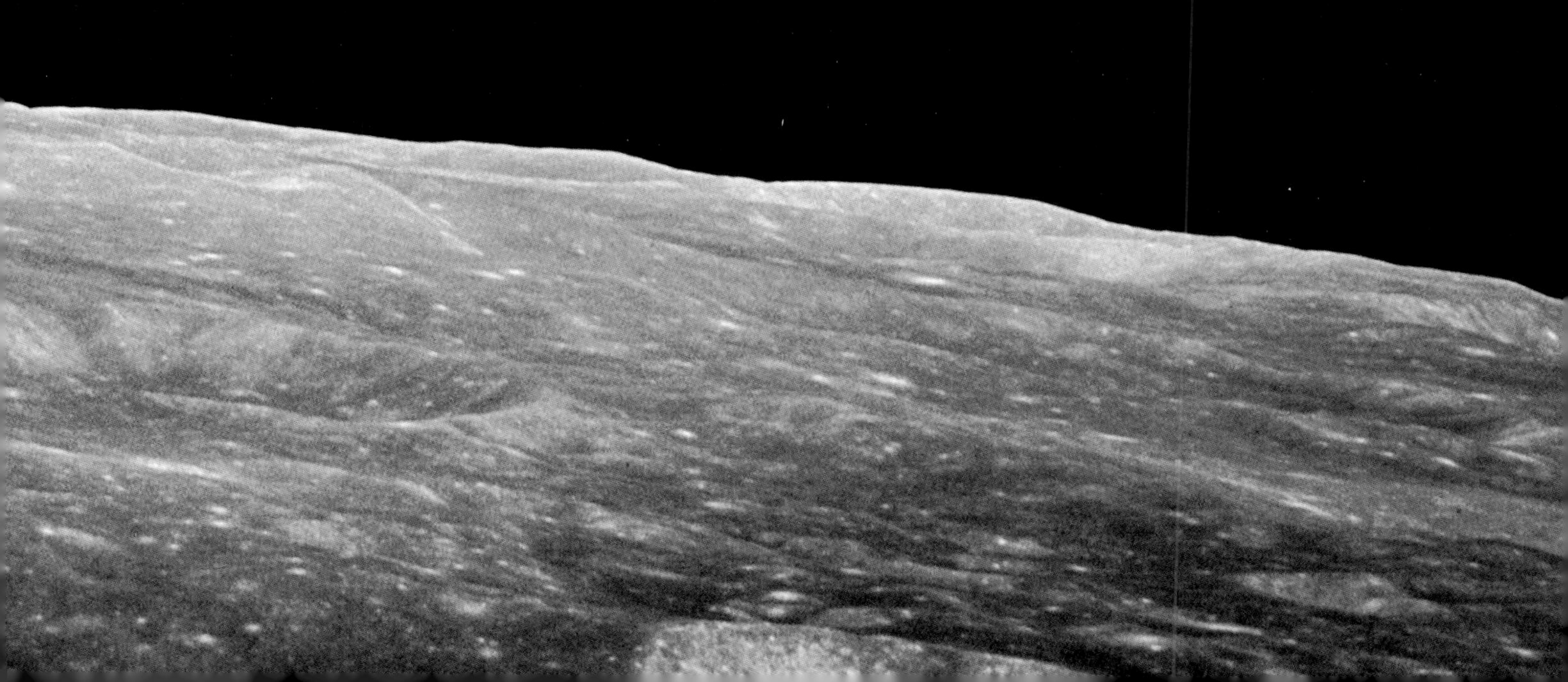

序 言

我们是一类求知欲最强和最富创造力的动物。1969 年，对地外世界的好奇心驱使我们完成了人类历史上的一个壮举——我们去了月球。意想不到的是，阿波罗任务中拍摄的地球照片使我们重新认识了我们的星球。在那之前，地球看起来广阔无边，有着无尽的资源。而这些照片使我们比以往任何时候都更清楚地意识到，地球是独特而美妙的，但它的空间和资源是有限的。

现在，50 多年过去了，毫无疑问，我们的星球正发生着巨大的变化。我们正在步入一个新的地质时代，和以前不一样的是，这些变化不是发生在数百万年间，甚至不是数千年或数百年间，而是发生在几十年内——在我们的有生之年。

这些变化是如此迅速且巨大，就像地球被小行星撞击时一样，但这次的变化来源于我们这个物种带来的全球性冲击。仅仅在数十年间，野生动物数量减半，世界每个区域的生物多样性都在减少，这些全都是由我们所选择的生存方式造成的。这是一场全球性的灾难。但是，“解铃还须系铃人”。正如这本书呈现给我们的，世界上各个区域发生的故事都揭示了自然的复原能力，并且展示了生态恢复是如何成为可能的。在这个数字时代，我们可以把这条信息传递到世界的每个角落，同时向人们展示这个依然存在于我们星球上的自然世界之辉煌、壮丽和奇妙。

如果能将足够大的区域连接并保护起来，野生动物便会蓬勃成长，而我们也能从中受益。当我们保护海洋的热点区域时，我们会受益于鱼类和其他海洋资源的增加；当我们恢复自然水资源的循环和流动时，我们会受益于由此带来的河流、湿地和洪泛平原中生物的兴旺。森林是有着丰沛活力和恢复力的，如果我们不去妨碍它们，它们便可以从灰烬中重生，我们同样会受益于其所馈赠的资源和全球性的功能。

自然世界的复原能力给了我们巨大的希望。另外重要的一点是，科技也同样带来了希望，也许将来我们能找到一种革命性的方法来储存和输送可再生资源所产生的能源，从而消除任何燃烧化石燃料的需求。现在还为时不晚，如果我们立刻开始行动，并且共同行动起来，我们就能选择我们想要的未来。

目前正在发生一种全球性的转变。相比以往任何时候，有更多的人认识到了问题所在以及问题的解决方法。所以，我们必须支持准备有所行动的领导者，并向那些无所作为者施压。这项行动也必须是全球性的。只有世界各国代表进行会谈，共同商讨方案来阻止气候变化和生物多样性的减少，这项行动才有机会付诸实施。从这些会谈中，我们必须期待我们的政治和经济政策将来会发生转变。这个独特星球上生命的未来，包括我们自身的未来，取决于我们是否愿意立即采取行动。

David Attenborough

大卫·爱登堡

目录

引 言

这是我们的星球

这里有个坏消息：地球现在是我们的星球，而我们人类却在横行肆虐，屠杀着它的野生动物，毁坏着它的生命保障系统。但“亡羊而补牢，未为迟也”。如果我们最终认识到了我们所面临的危险，那么我们将有机会挽救自己——开始大规模地恢复地球上的自然环境。好消息是，这仍然是可以实现的。

显然，我们并不是我们家园的优秀居客：冰箱里食物储备短缺，家具破败，管道堵塞，污水四溢，屋顶有一个洞，有人一直在摆弄温度控制器，而花园则被浇上了一层混凝土。你能够想象这个场景吧。我们需要“长大”。我们应当以地球这座房屋为荣，给自己制订一份打扫清单并行动起来。

但我们也有着自己的临界点，那就是当我们最终认识到我们的世界已陷入危机的时候。

右页图

分界线

一辆伐木车载着从巴西亚马孙原始雨林旁一个种植园砍伐的桉树（eucalyptus）。巴西在20世纪90年代引进了一种杂交桉树，这种桉树仅需7年就可以长到待伐大小，这为更多在亚马孙——这个巨大的气候调节器和“碳汇”（有机碳吸收超出释放的系统或区域）开展的伐木工作提供了替代方案。这个方案的缺点是，桉树种植园依赖农药的大量使用，而且很少有甚至没有当地野生动物在此栖居。

科学家将这个乱糟糟的家称作人类世（Anthropocene）。在这个世里，我们这些超过70亿的智人成了自然的主导力量。我们排干了大部分湿地、砍伐了大部分森林、开垦了大部分草原、拦截了大部分河流，我们在星球上驱逐了成千上万个物种，照亮了黑夜，融化了冰川，升高了海平面，加强了飓风，改变了季节。

近20万年来，我们一直听命于自然，它决定着我们如何生存。而现在，我们却在擅自决定自然该如何存在。拥有这种力量让我们感觉良好——自然只是我们称霸之路上一片尚待征服和开发的疆土。但如果我们继续下去，将会受到自然的报复。我们所建立的文明并不稳定，它仍然完全依靠我们似乎正有意破坏着的一些事物——稳定的气候、肥沃的土壤、适合呼吸的空气，以及随时随地伸手可得的水资源。科技并不能替代行星级的生命保障系统。我们的星球是我们的家园，脆弱的不是自然，而是我们。

但是希望尚存。我们有理由担心自然系统的临界点，越过这些临界点，维系自然生态系统运作的关系就会瓦解，并且能随时使地球陷入一个我们尚不能很好应对的状态。但我们也有着自己的临界点，那就是当我们最终认识到我们的世界已陷入危机的时候。

21世纪伊始，我们生活在我们星球和自身物种历史中一个独特的时刻。的确，我们对地球造成的伤害是巨大的。但我们现在意识到了自己的所作所为。而且在短时期内，我们有机会做出弥补——在整座“房屋”被烧毁之前让我们的维护工作走上正轨。

到21世纪末，地球的人口可能会再增加30亿。因此，挑战是显而易见的。我们需要满足100亿或更多人口的基本需求，将气候维持在安全阈值之内，并且让自然有足够的空间去恢复和繁盛。

我们能够做到。这是因为，尽管人类有时候是自私的享乐主义者，但将我们这个物种与其他物种真正区别开来的地方在于，我们具有协作的能力、未雨绸缪的能力和考虑未来世代福祉的能力。甚至，我们敢说，我们可以变成利他主义者。我们干坏事的能力可能绝无仅有，但我们反思过错并做出改变的能力也同样是无可匹敌的。

上图

通往保护区的路

放置在不丹（Bhutan）中部山地森林中的相机陷阱拍摄到的一头雄性孟加拉虎（Bengal tiger）。世界自然基金会（World Wide Fund for Nature，简称 WWF）相信这种林中走廊是保护区之间的重要通路。这张照片证明了这点，同时使不丹境内已知老虎个体的数量又增加了 1 只，目前的数量已超过了 100 只。这也促成了保障保护区之间老虎林中通路的计划，该计划有利于增加老虎的种群数量。

这本书既是对一个陷入危机的星球的写照，也是对一个可被拯救的星球的写照。它描绘了大自然在饱受摧残的过程中奇迹般的复原力和持续能力——极地稳定着全球气候，沙漠滋养着森林和海洋，丛林和山脉为草原带来雨露。但本书也揭示了这种能力的极限。维系地球上纷繁生命的纽带也可能成为它们的弱点，如果这些纽带被切断，那么一切都会崩溃。

因此，这本书也是最后的呼吁，呼吁人类开展大规模复苏生态系统的行动，以促进自然再生，而且从今天就要开始。我们发出这一呼吁是因为我们相信现在还为时不晚，这样的一项任务不仅是可行的，而且是符合人类切身利益的。

潜在的好消息是，一个自然得到恢复的星球也将能够为我们——洗心革面的“星球监管人”带来更美好的生活。它将成为一个现在经济学家口中“自然资本”已恢复的星球——在这样的星球上，海洋和土地的收成丰富，大气适合呼吸，气候稳定且可预测。

没有一家有前途的公司会耗尽资产、搬空库房、花光存款，因此，如果我们想要有未来，就不能以这种方式来管理我们的星球。我们以后不能再是这样了。在接下来的章节中，我们会穿越地球上不同的生物领域，这趟旅程将讲述自然是如何在人类手中遭受前所未有的破坏。它将展现我们是如何毁坏构成地球生命保障系统的多种自然循环的。

跟随纪录片《我们的星球》制作者的足迹，我们将从缩小中的热带丛林漫游到空荡荡的远洋，从融化的极地冰盖穿行到正在变成沙漠的干枯草原，从淤堵的河流游历到不再有鱼类畅游其间的空旷珊瑚礁，并目睹其上骇人的白骨。

这种破坏的规模可以比肩过去的大灭绝，正如小行星撞击的余波消灭了恐龙。你会为失去的东西哭泣，但你也会惊叹于幸存者之多以及自然看似无穷的自我修复能力、适应能力和进化能力。只要有机会：森林能够并一定会重生；土壤可以再次形成；河流可以重新流动；草原可以在曾是沙漠的地方蓬勃生长；鱼类资源可以再生；从巨大的鲸类到微小的昆虫，那些濒危的物种也都可以恢复。

这本书讲述的故事还包括我们该如何给自然提供这个机会，以及在有些情况下，我们已经采取了怎样的措施来扭转局面。我们知道如何应对气候变化，知道如何回收材料，也知道如何保护荒野。再野化（rewilding，意为“重回野生状态”）可以做到并且已经发生，即便是在一些看似最不可能的情况下。看看回归切尔诺贝利核反应堆保护性“石棺”周边隔离区的狼、猞猁（lynx）和熊就知道了。尽管这片土地可能具有放射性，但人类的缺席给了自然机会，目前这里正在进行欧洲规模最大的再野化计划。

世界将永远无法回到从前的样子。纯真一旦丢失，就不再复还。许多原始的东西现在已被玷污，但自然尚没有被完全毁坏。我们相信它的进程是可以恢复的，它的资源是可以重生的，它的野性是可以回归的。最重要的是，我们需要心存希望地前行，因为好消息是，这是“我们的星球”，如果我们愿意，我们可以重新塑造它。

16—17 页图

巨大的蓝色希望

一头雌性蓝鲸和它的幼崽游过墨西哥海岸。这种濒危的鲸类是地球上有史以来体型最大的动物，曾在 20 世纪的捕鲸活动中被大量屠杀，而现在它们的数量正逐步回升。蓝鲸种群要想恢复到正常规模，还需要几十年。但是有了国际保护，加上它们的主要食物来源——磷虾（krill）仍然充足，这种巨大蓝色动物的复苏充满希望。

但自然尚没有被完全毁坏。我们相信它的进程是可以恢复的，它的资源是可以重生的，它的野性是可以回归的……好消息是，这是“我们的星球”，如果我们愿意，我们可以重新塑造它。

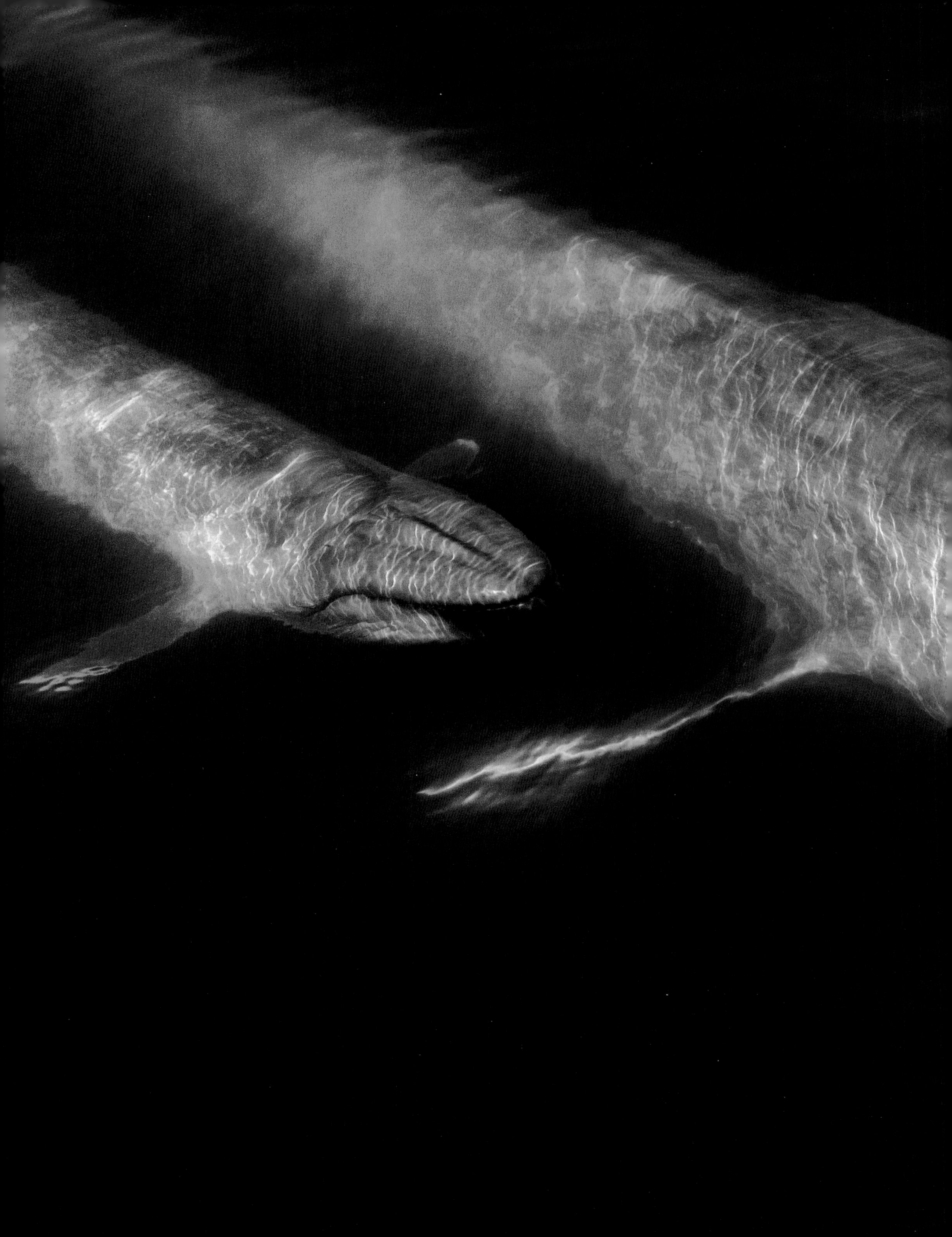

冰冻世界

两极的白色警钟

“所有的生态系统都在承受着气候变化带来的负面影响，但是没有哪个地方像两极地区一样表现得如此强烈。我们的冰冻世界不再是它们该有的冰封的样子。在北极，影响远不止夏日可见的冰融效应：甚至在冬季，我们也能看到海冰的大量丧失，这导致全球温度进一步上升。在南极，大陆冰盖从底部融化，并开始对洋流和全球气候造成影响。两极这些变化的影响已波及其他地区。我们不能只为冰雪圈（cryosphere）发出呼吁。我们必须勇敢地承担我们世代的责任，并对气候变化立即采取行动。”

——克里斯蒂安娜·菲格雷斯（Christiana Figueres）
全球乐观主义组织（Global Optimism）创始合伙人
及“使命 2020”（Mission 2020）召集人

这些浮冰是这个星球上最兴旺的生态系统之一的基石，这个生态系统就像极地的塞伦盖蒂平原，滋养着企鹅、鲸类和许多其他动物。

18 页图

壮丽之冰

南极半岛杰拉许海峡的一座冰山前，一只花斑鹱掠过波浪捕食磷虾。

20—21 页图

聚集的王企鹅繁殖群

环南极地区南乔治亚岛圣安德鲁斯湾的王企鹅繁殖群的一部分。超过 30 万只王企鹅聚集在海湾。该岛相对温暖的冬季意味着幼鸟能在这里顺利越冬。

右页图

生命之跃

一只阿德利企鹅快速浮出海面，并高高跃起——这是躲开豹形海豹（leopard seal）在冰缘处的伏击的最好手段。但是对它们来说，更严重、更长期的威胁则是海洋和陆地的变暖。这将会影响它们的筑巢区域，带来更早的融雪或空前的降雨，也会改变磷虾和鱼类的供给。

24—25 页图

冰下牧食者

南乔治亚岛附近，磷虾在牧食海冰底面上的浮游植物。磷虾为大多数南极动物（包括鱼类、企鹅、海豹和鲸类）提供了食物。如果因过度捕捞、海洋酸化或冬季海冰减少而导致磷虾数量锐减，那么其他海洋动物的生存会随之受到严重影响。

在我们星球冰封的极南之地，在南极巨大冰原的海岸上，春季是复苏和重生的季节。南极大陆冬季里面积增加了 1 倍的海冰开始大规模消融，这宣告了春季的开始。之后，访客们开始从冰面回到岸上。阿德利企鹅是来得最早的，也是数量最多的。10 月里，至少有 800 万只在澳大利亚海域越冬觅食的阿德利企鹅抵达这里。

它们从大陆周围的不同地点登上冰雪覆盖的陆地，然后朝上坡前进，直到找到一处无冰的地面用以筑巢。它们中的一些将会从其越冬地跋涉很长的距离，越过海洋和海冰，最终抵达陆地。数十万只或更多的企鹅会聚集在这些无冰区域。一旦巢筑好，雄性和雌性企鹅会轮番孵蛋并喂养雏鸟，交替返回海洋中捕捉磷虾、鱼类和乌贼。

阿德利企鹅以及可达 1 米高的帝企鹅，是仅有的会将南极——我们星球上最冷、最干、最多风和海拔最高的陆地作为真正家园的企鹅种类。还有 3 种其他的企鹅会在条件不那么恶劣的南极半岛尖端繁殖。南极洲是一片冰冻的大陆，面积与俄罗斯相当，四周被海洋环绕，在过去的 2 000 万年间都覆盖着约 5 千米厚的冰层。环绕南极大陆、北边无陆界的一片狂暴水域被称为南大洋，环绕南大洋的凛冽寒风和循环的洋流将南极大陆与世界其他地方分隔开来。这片冰封的大陆永不解冻，终年如一，陆生哺乳动物都不会在此定居，包括人类。那么，阿德利企鹅是如何在气温可达零下 80 摄氏度的严酷寒冬生存的呢？答案是，它们并不在此过冬。相反，它们会在海冰间或没有海冰的海域越冬。

相较于南极大陆本身的严寒，南大洋周围的水体较为温暖。它的大部分表面被浮冰覆盖，这些浮冰是这个星球上最兴旺的生态系统之一的基石，这个生态系统就像极地的塞伦盖蒂平原，滋养着企鹅、鲸类和许多其他动物。因为在浮冰的裂隙和下方生活着海藻。整个区域上，这层薄薄的藻类总量达数十亿吨，是当之无愧的海洋食物“丰饶角”。这些“冰藻”等同于陆地上的草原，它们是地球上最丰富的生物资源之一——南极磷虾的主

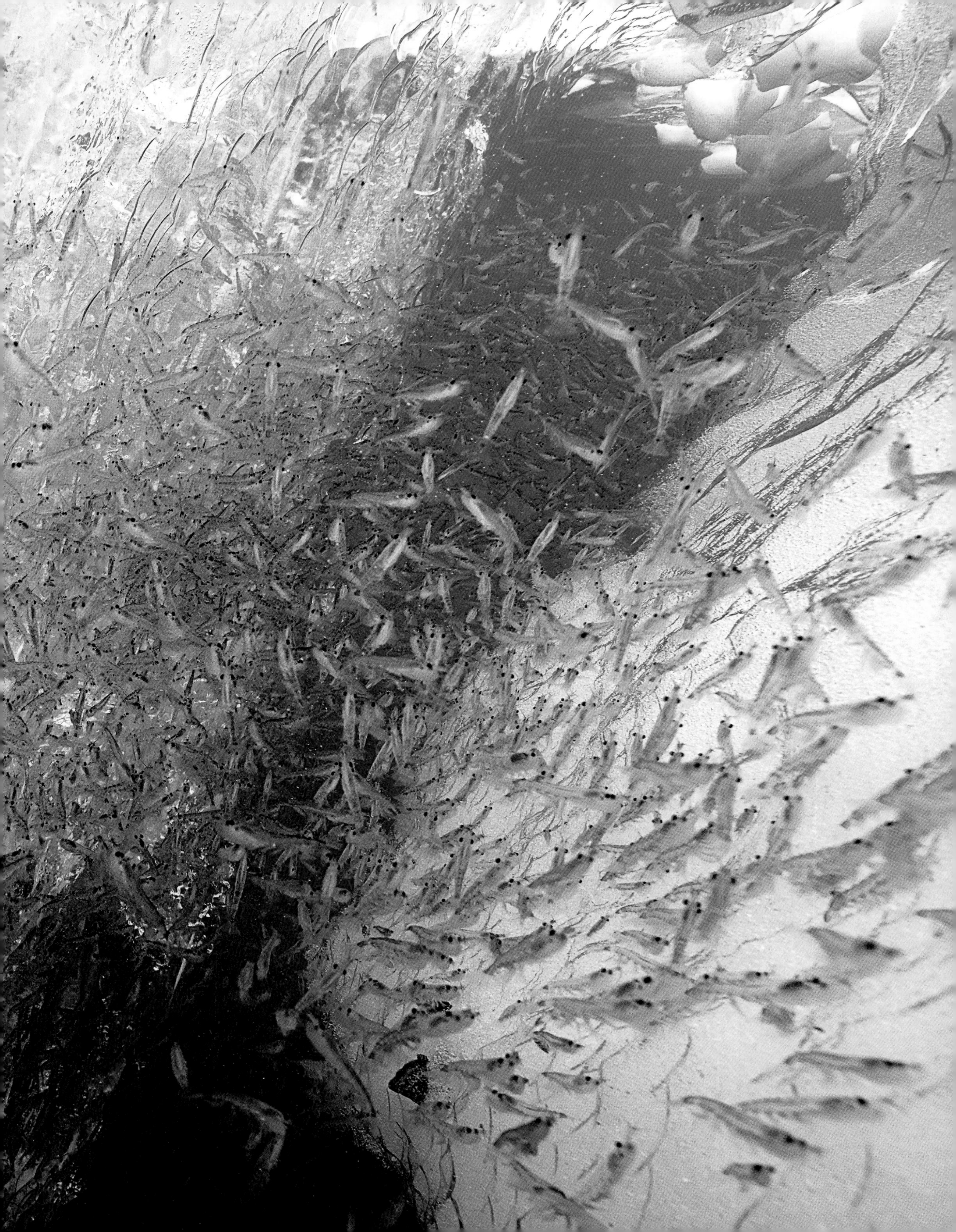

> 南大洋几乎所有一切都依赖磷虾：企鹅尽情地取食磷虾；座头鲸进行着这个星球上最长距离的哺乳动物迁徙之一……来到此地贪婪地吞食磷虾。

要食物。

磷虾是一种小型的虾状甲壳动物，长度一般不超过 5 厘米，平均寿命约为 7 年。它们大多数时间生活在深海，常形成巨大的集群，可连绵覆盖数百平方千米。这种晶莹纤小的动物会在夜色下游到水面，在开阔的海洋表层取食浮游植物（微型藻类），或利用它们的耙状刚毛从冰上刮取藻类。

据估计，世界上磷虾的总数多达 780 万亿只，总质量则超过人类总和。南大洋几乎所有一切都依赖磷虾：企鹅尽情地取食磷虾；座头鲸进行着这个星球上最长距离的哺乳动物迁徙之一，从它们位于热带的繁殖场跨越 8 000 千米来到此地贪婪地吞食磷虾，它们的常规摄入量是每天 2 吨；即便是南大洋的顶级捕食者虎鲸，最终也间接依赖这些微小的甲壳动物，它们在寒冷水域追逐捕食企鹅、海豹，甚至偶尔捕食吃磷虾的其他鲸类。

南大洋的天空中，信天翁在环极地的风中翱翔。它们拥有鸟类中最大的翼展（可达 3.5 米），因而能单次在空中停留数月，在此过程中环绕海洋搜索食物，或是磷虾，或是以磷虾为食的鱼类。亲鸟为了给自己唯一的雏鸟带回食物，可能要飞行数千千米，而雏鸟则独自待在某个散布于海洋中的环南极孤岛上，在巢中嗷嗷待哺。

在广阔的南大洋中，许多岛屿是野生动物的绿洲。其中最丰富多彩的是南乔治亚岛，在有些时候，这个岛会成为地球上海洋哺乳动物最密集的地方。它离南极冰冻区足够远，因而没有海冰，冬季也相对温暖，所以这个岛长年都是各种生命的家园。信天翁雏鸟在长出飞羽前整年都待在岛上的巢中，它们的父母则巡游天际，通常每隔 7 天才能给它们喂食。南乔治亚岛上还有着数十万对王企鹅在此繁殖，它们的雏鸟在能进入冰水之前需要在岛上生活长达 16 个月。相比之下，南极大陆的企鹅种群仅有冬季之前的少数几个月时间来长羽毛。

古老的南极冰层是我们星球上最好的记忆存储器之一。它记录了过去

左页图

夏日的富足

一头座头鲸在离南极半岛不远处的勒梅尔海峡大快朵颐。

28—29 页图

王企鹅雏鸟育儿所

育儿所的王企鹅雏鸟等待着父母用嗉囊带着食物归来。这些雏鸟只是环南极地区南乔治亚岛圣安德鲁斯湾庞大秋季集群的一部分。

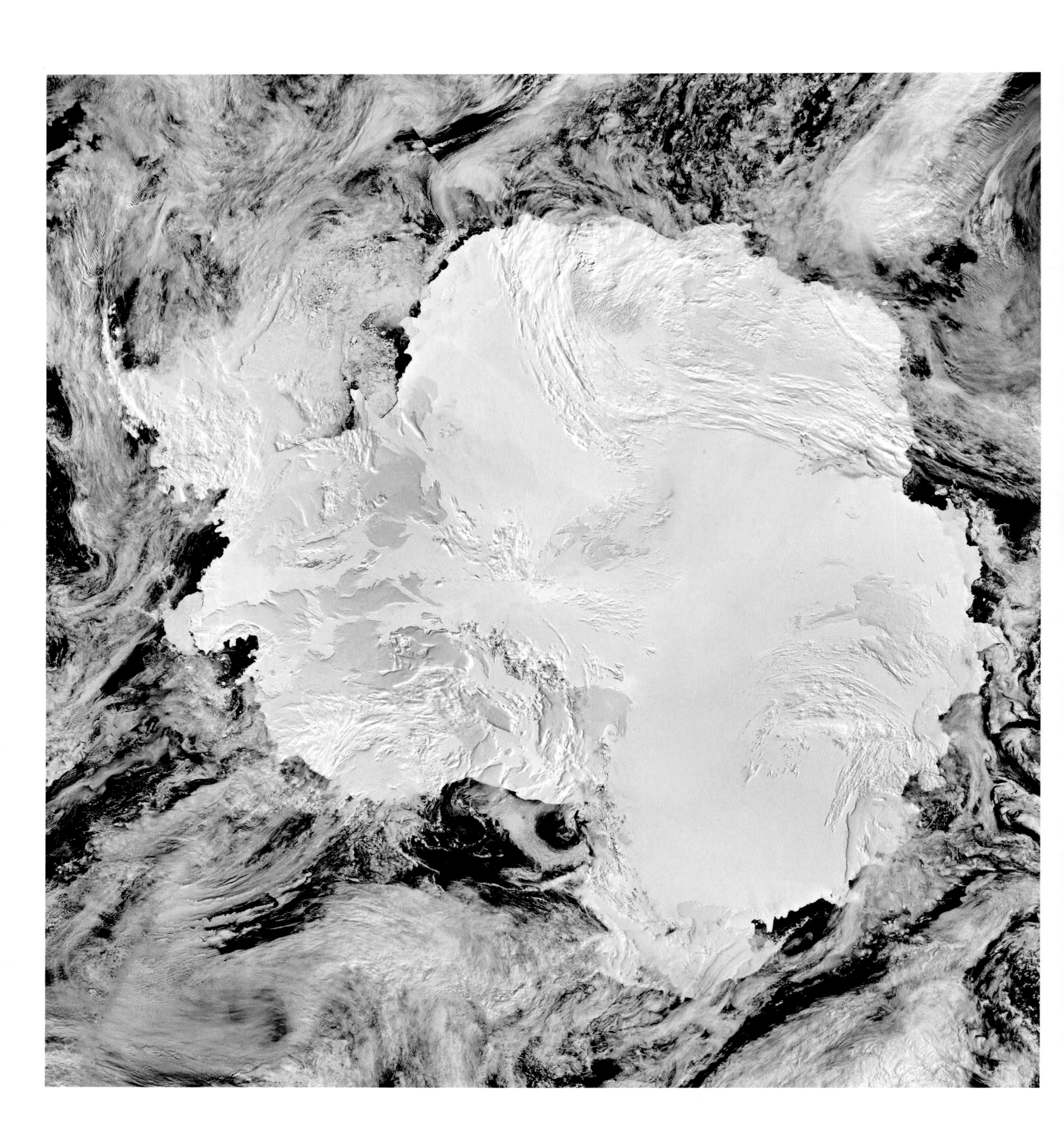

浮游植物也将会减少。这意味着磷虾也会减少，作为连锁反应，南大洋中所有取食磷虾的物种……都会减少。磷虾种群的崩溃对整个生态系统的打击是毁灭性的。

50 万年的温度和二氧化碳（CO_2）水平，这些信息被埋藏在冰内的气泡所捕获。20 世纪 80 年代和 90 年代，苏联在南极洲的科学考察站沃斯托克站钻取的冰芯，首次揭示了两件对于气候变化研究至关重要的事实：第一件是温度和二氧化碳水平的变化总是步伐一致，两者上升和下降的趋势相同；第二件是两者都达到了有记录以来前所未有的高值。

那么气候变化对南极洲及周边海域意味着什么？一些人预测海岸周边的陆表会变得更绿，这预示着入侵物种的到来。近几十年来的气候变暖，使得南极半岛多处冰雪消融的地区的苔藓数量增加了 4 倍。

那些在南极半岛上度夏的阿德利企鹅急需关注。该区域受南大洋变暖的海水和风海流影响最深。

一个位于南极半岛北端的阿德利企鹅繁殖群在过去 30 年中数量降低了 80%，这可能是由附近海冰的消失所致，而海冰能激活企鹅所依赖的食物链。目前，这种损失被南极洲东部阿德利企鹅种群数量的增长所平衡，那里局部海冰的数量实际上在增加，但这可能无法持续下去。

随着南大洋变暖，更多的光透过变薄的冰层照射到洋底，一些海洋物种或许会繁盛起来。罗斯海是位于新西兰正南部的巨型海湾，研究者们近来在此处海底发现，深海海绵、海星、海蛇尾、海参出现了爆发式增长，但这种急剧增长可能具有误导性。研究者们在南极半岛附近的别林斯高晋海发现了海底蠕虫和其他新物种的入侵，它们将原有物种挤走，导致总生物多样性受损。

海洋生物学家认为，生活在南极洲周围海床上的大约 4/5 的原生无脊椎动物物种受到气候变化的威胁。根据联合国政府间气候变化专门委员会的说法，大约 1/4 的海冰可能在 21 世纪消失，浮游植物也将会减少。这意味着磷虾也会减少，作为连锁反应，南大洋中所有取食磷虾的物种，从鱼类、乌贼、企鹅到座头鲸等，都会减少。磷虾种群的崩溃对整个生态系统的打击是毁灭性的。

左页图

冰冻的大陆

美国国家航空航天局拍摄的南极洲卫星照片，这里是地球上最冷、最干、最多风的地方。南极半岛位于左上方。

> 南极是一个被海洋环绕的大陆，而北极是一个被大陆环绕的海洋。

在北极，海冰减少对海象命运的影响尤为显著。对海象来说，海冰具有两种功用：海冰培育藻类，这是海洋食物链的基础；同时，海冰又是海象潜入洋底取食蛤和贻贝的平台和在取食过程中休息的平台。但随着北极变暖，遥远北方的太平洋海象正在失去这些冰质平台。它们被迫上岸，成为气候变化的逃难者。

位于西伯利亚和阿拉斯加州之间的楚科奇海是太平洋海象的一个主要觅食场所，但目前夏季此处已几乎不存在海冰。剩下的海冰大多在更北的地方，位于深海之上。因此海象向南迁徙，前往西伯利亚沿岸的岬角，在那里它们能登陆并休息。问题是，海象庞大的数量已使这些“岩石难民营”超出负荷。在楚科奇海的东岸，海象的数量增加了 10 倍。超过 10 万只海象挤在一起，一个挨着一个，这可能是我们星球上最大规模的大型哺乳动物集群之一。

随着空间的用尽，一些登陆点新来的海象爬上高达 50 米的悬崖以寻找休息之处。在那里，这种鳍脚类动物精疲力竭、饥肠辘辘，并因高度而迷失方向，它们可能会滑倒并跌落，也可能因野狗群或人类的骚扰而受到惊吓并摔死在下方的岩石上。在楚科奇海岸边的一处登陆点，当《我们的星球》摄制组进行拍摄时，就在岸边发现了超过 650 只海象的尸体。

左页图

秋日移民

迁徙中的太平洋海象——海象母亲和幼崽们与数千只其他个体一起，在俄罗斯北极圈地区的西伯利亚海岸登陆。该海岸是少数几个适合迁徙的海象在秋季休息的地区之一，在连续几个极度温暖的夏季之后，此时的海冰已融退至北冰洋腹地。在有限的空间里海象极度拥挤，营养不良，备受压力——它们不得不游到离岸很远的深海取食，并且取食过程中缺少可供休息的浮冰。

北极和南极的差别并没有那么显而易见。从表面上看，它们似乎是一样的，都覆盖着无尽的白冰，但在其他各个方面，它们是相对的两极。南极是一个被海洋环绕的大陆，而北极是一个被大陆环绕的海洋。南极洲的巨厚冰层使得南极地区能保持低温，而北极的变暖则严重得多，由此导致的北极海冰急剧消退已经给许多物种带来了严峻的挑战。

北极是如此寒冷，常常被冰覆盖，但冰盖的消长是随季节而变化的。3 月，经过数月的 24 小时的冬季极夜和 0 摄氏度以下的气温，冰盖不断延伸，横跨海洋，将西伯利亚的冻土苔原与北美洲连接起来。北极熊也因此能跨越两块大陆。

34—35 页图

气候变化的难民

成千上万只太平洋海象聚集在楚科奇海边缘的一处岬角，这里是世界最大的海象登陆区。在 2017 年秋季，超过 10 万只海象在使用这片休息区，它们代表了大多数的太平洋种群。海象往往习惯性地向北迁徙，跟随着海冰的动向。但是现在海冰融退至更北的地方，最远可达弗兰格尔岛，这些海象失去了离开陆架觅食所需的休息平台。

除非全世界能将全球变暖控制在 1.5 摄氏度以内……否则科学家相信，到 21 世纪中叶……夏季，几乎整个北冰洋将会完全无冰。

右页图 · 上

最大值

2017 年 3 月，经过连续 3 年的暖冬，漂浮的北极海冰的年度最大范围达到了历史新低。

右页图 · 下

最小值

2017 年 9 月，在夏末，北极的极地海冰年度最小范围达到了历史新低。

38—39 页图

最后的夏季冰山

晚夏，冰山漂浮在位于格陵兰岛东岸的世界最大的峡湾系统——斯科斯比湾。这里的大冰山其实是巨大的道高 · 延森冰川（Daugaard-Jensen Glacier）崩裂下来的浮冰，它们在漂浮经过狭窄通道时会撞上岩石。格陵兰岛陆冰的快速融化会导致全球海平面的大幅上升。

夏季，较高的气温和极昼的阳光使得多数海冰融化，海冰的量在 9 月达到最小值。但在近几十年，这种季节循环已被打乱。能挺过夏季消融的海冰越来越少，而冬季形成的海冰也减少了，剩下的冰层也比过去薄得多。同时，在许多地方海冰更早解冻，更晚重新冻结。这意味着诸如北极熊等物种能够在冰上觅食的时间更少，而在岸上的时间更多，因此它们与人类遭遇的概率也在不断变大。

在我们星球极北之地发生的一切，看起来像是全球气候变化加速的一种先兆。整个星球都在变暖。

这是温室气体在大气圈中的积累所致，这些气体能捕捉太阳的热量。二氧化碳是一类重要的温室气体，因我们燃烧煤、石油和天然气等碳基燃料而大量释放。在北极，变暖的速度是这个星球上其他地方的 2 倍以上，这是因为海冰的减少会加速变暖。

冰是白色的，因此它可以将 85% 的太阳辐射反射回太空，这有助于保持北极的低温。但在最近几十年，随着冰的消融，这种白色表面被颜色更深的海洋所代替，后者仅能反射 10% 的太阳光。剩余的热量被吸收，加热了周边的空气和水体。

这一切导致的最直接的效应是，更多漂浮在北冰洋上的冰在夏季融化。气候变得越暖，就有越多的冰融化，进而导致温度进一步升高。当冬季温度下降时，冰再次形成，但是再次形成的冰要薄得多，因为多数曾经年复一年延续下来的冰已经消失了。

直到最近，北极大部分地区仍被夏季也不融化的永久冰盖覆盖，但是其中超过 40% 的冰已然消失。北极冰盖的平均厚度自 1975 年以来减少了 2/3，降低到 1.2 米。这种效应正逐渐走向失控：随着冬季冰层的变薄，它在随后的夏季也就更容易融化。

除非全世界能将全球变暖控制在 1.5 摄氏度以内（这意味着北极变暖约 3 摄氏度），否则科学家相信，到 21 世纪中叶，北极仅存的永久海冰将

随着一些地方土壤的温度比表面上升得更快，冻土层也在快速消失。

会只存在于极北的小片地区，聚集在格陵兰岛西北部海岸和加拿大巴芬岛以北的群岛之间。夏季，几乎整个北冰洋将会完全无冰。

对于北极生态系统和生活在那里的人们，气候变暖的后果已经十分显著，但其潜在的影响更为深远。缺少了北极这面“镜子”的保护，由此带来的加速变暖效应会作用于全球各地。

2008 年，在离北极点不远的挪威斯瓦尔巴群岛山脉下的隧道中，运营“世界种子银行”的农业研究者建立了一个“末日种子库”。

它的目标是保存世界上野生和栽培作物的种子样本，以建立一个永久性的储备，使这些种子免受任何能想到的全球性灾难的侵害，不论是核战争、小行星撞击、全球变暖还是海平面上升。未来末世的幸存者们至少能找到种子来种植作物养活自己。

但在 2017 年的夏季，斯瓦尔巴的温度达到前所未有的水平，山上的冰开始融化并进入隧道。人们为了保护隧道不受未来洪水的影响，不得不另做准备。似乎种子研究者们所预想的末日灾难之一已经出现。

没有人预料到北极冰融会发生得这么早、这么快。消融效应正在延伸到环绕北极的大陆上。在过去的 40 年中，6 月时覆盖在加拿大、美国阿拉斯加州、西伯利亚和斯堪的纳维亚的雪量减少了一半。生活在北极的 40 个土著群体传统的捕猎、打鱼和放牧的生活方式被扰乱，其原因包括近岸冰的移动和不可预测，苔原野火等新现象带来的放牧土地的损失，以及海洋与陆地生物迁徙方式的改变。

随着一些地方土壤的温度比表面上升得更快，冻土层也在快速消失。数千年来，西伯利亚、加拿大北部和阿拉斯加州的土地都处于冰冻状态，有时冰冻深度可达 700 米。但是今天，表层冻土正从坚冰变成泥沼，进而导致道路垮塌、管道爆裂、建筑倾倒、甲烷火灾、坑洞形成。

北极理事会是一个所有北极国家在此碰头的政府间机构，它的一项报告提出警告：到 2040 年，靠近表面的冻土层或许会融化 20%。

原本困在北极冻土层中的来自腐烂植物的甲烷，越来越多地被释放出

来，这成为一个日益严重的问题。甲烷是一种温室气体，有着比二氧化碳更强的增温潜力。如果冻土继续消融，这种气体大量进入大气圈，那么就像许多科学家预测的：变暖会加速，甚至是显著加速。

上图

解冻的冻土层

融化中的西伯利亚冻土层垮塌进入河谷，本来这些土壤已经被冰冻了超过 200 万年。冻土层的融化释放了巨量的二氧化碳和甲烷，这将会加速全球变暖，同时也会导致公路和铁路垮塌、管道爆裂、建筑倾倒。

随着世界变暖而出现的无冰北极，不管在生物学上还是物理学上，都与过去 200 万年的情况大为不同。自然具有适应性，一些野生动物会从深度冻结中解脱并因此获益。比方说，许多大西洋和太平洋鱼类正向北扩张，其中鲭鱼是胜利者的代表。但是北极从来就不是生态荒地，因而也会产生输家。

北极海冰一直是海洋生物的避难所。以珊瑚为例：我们认为珊瑚总是环绕在热带岛屿周边形成珊瑚礁，但是世界上一些最奇妙的珊瑚生活于北冰洋洋底的寒冷深水中，生活于近乎永久的冰盖之下。像热带珊瑚礁一样，这些冷水珊瑚为其他海洋物种的繁盛提供了栖息地。

世界上已知分布最北的冷水珊瑚生活在斯瓦尔巴北部朗塞特海脊的卡拉斯克海山，距离北极点仅 400 千米。“那里充满了生命，”德国海洋生物

> 但北极熊的演化使它们依赖利用北极冰进行捕食，因此随着冰的消失，科学家预测，到 2050 年我们会损失全世界 1/3 的北极熊。

学家安婕·博埃蒂乌斯在释放了一艘去拍照的潜水艇后发布博客说道，“尺寸达 1 米、寿命达数百年的巨型海绵间，生活着巨型白海星、蓝海螺、红色螃蟹，以及白色和棕色的蛤。”许多冷水珊瑚礁也是具有重要经济价值的鱼类的育儿所，比如平鲉这种分布在北部水域的深海鲉鱼。

随着北极被在更暖的水域中繁盛的生物入侵，这些适应冷水的物种很可能会减少。但几乎所有现存的生命都会遭殃，因为北极的海洋生命严重依赖正在消失的海冰。

很显然，漂浮的海冰对于北极熊、海豹和海象等海洋哺乳动物是至关重要的。它们生命中相当长的时光都在冰缘度过，冰为它们提供了有利的观察地点及休息场所。环斑海豹大多数时间会在冰下的海水中猎食，但它们也会和潜伏在冰面上的北极熊玩“猫捉老鼠”的游戏。海豹用鳍足上的爪在冰上掏洞，以便它们上浮呼吸空气，北极熊则守在洞边等待食物。海豹通过多挖几个洞来干扰北极熊的判断，以提高生存机会。但是变薄的冰改变了这种捕猎的动态：海豹挖洞更容易了，但隐藏也更困难了。

环斑海豹在冰上的雪中挖掘兽穴，将它们新生的幼崽隐藏在里面。但在下雪少的年份，兽穴顶部会过早垮塌，使得幼崽暴露。在那些雪不再足够厚的地方，幼崽就降生在开阔的冰上——它们逐渐变得毫无机会。短期内，熊也许会占上风，但当冰进一步消融后，两者都是输家，因为两者都将没有任何可用于捕猎的浮冰。

北极是 22 000—31 000 头北极熊的家园。表面上看来，它们活得挺好。它们的数量之所以能从 20 多年前的 6 000 头增长至今，要归功于 1973 年达成的一项保护它们的国际公约，这项公约减少了人类对它们的捕杀。实际上，它们是地球上少数几种仍然能在大多数原始栖息地发现的大型食肉动物之一。但北极熊的演化使它们依赖利用北极冰进行捕食，因此随着冰的消失，科学家预测，到 2050 年我们会损失全世界 1/3 的北极熊。

更南部的种群已经失去了捕猎场，特别是哈得孙湾附近，目前那里的

左页图

位于世界之巅

加拿大北极圈地区巴芬岛以北的拜洛特岛不远处，一头年轻瘦小的北极熊站在浮冰之上。它刚吃完一只海豹，并在寻找更多潜在的食物。此时正值夏季，不久之后海面将开始封冻，它的冰缘猎食区将会随之扩张。这块北极的北角区域是北极熊的主要栖息地，这种情况至少能持续到 2050 年，而再往南的海冰预计届时将全部消失。

44—45 页图

边缘之上

一头北极熊站在覆盖在昌普岛的厚厚冰帽上，该岛属于俄罗斯北极圈内的法兰士约瑟夫地群岛。它的周围是北冰洋最大的海洋保护区。直到最近，这些无人居住的岛链一年中的大多数时间都处于封冻状态，但近 10 年来，冰的消融越来越早，海水的冰冻则越来越晚。

> 藻类爆发性增殖引起的水华，对于海洋生命十分重要……但春季水华出现的时间已经发生了显著改变，在一些地方最早可提前 50 天。

右页图

冰缘的长牙

夏季，一角鲸（有长牙的雄性）在距离加拿大北极圈地区的巴芬岛不远处取食。它们吃的食物和雌性产崽的时间与地点等习性，都与海冰的消长紧密相关。冬季，随着海冰扩张，它们沿着冰缘向南，在浮冰之间取食。一角鲸吞下它们的猎物，主要是鱼类、乌贼、虾和蟹，并潜到深处去捕食格陵兰大比目鱼。

冰在每年夏季长达 4 个月的时间里会消失。一些种群向北迁移到冰存在时间更长的地方，但一些种群被迫来到陆地上。加拿大科学家详细追踪了生活在哈得孙湾及周边的北极熊是如何比过去花费更多时间在陆地上的，它们节食、吃浆果，甚至在丘吉尔镇等人类聚居地捡食垃圾，在此它们与人类产生了更大的冲突。

从长期来看，被迫在陆地上生活更长时间意味着捕捉海豹并建立脂肪储备的时间减少，这会影响北极熊的生存和繁殖能力及养育幼崽的能力。它们也可能与棕熊和北美灰熊杂交，因为这些生活在陆地上的近亲随着世界变暖而北移。事实上，已有报道表明，在哈得孙湾周边发现了北美灰熊与北极熊的杂交种，它们被戏称为灰北极熊。

其他的海洋哺乳动物面临着相似的挑战。一角鲸是整年巡游于北极水体中的 3 种鲸类之一，其他 2 种是弓头鲸和白鲸。它们的生活与北极海冰的年度扩张和消退紧密相连。来自加拿大和西格陵兰的一角鲸冬季大部分时间都在格陵兰岛西部的巴芬湾深水中觅食。它们聚集在有着厚浮冰的区域，潜到深处去搜寻它们的主要食物——格陵兰大比目鱼。它们也在冰下取食北极鳕。但是冰的消退减少了它们的捕食区，并且在开阔水体，它们被捕猎的风险增加了——随着冰的消失，虎鲸迁移到了北极。

北极野生动物最为丰富的热点地区是海冰中间的半永久开阔水体，它们通常由上升流形成，被称作冰间湖。在冰间湖中形成了大量的藻类水华，野生动物聚集其中。对于短翅小海雀、北极熊、一角鲸和另一种依赖北极冰的鲸类——弓头鲸等动物的世界最大种群来说，冰间湖至关重要。弓头鲸一生都生活在冰的周围，寿命可达 200 年或更久，是这个星球上最长寿的脊椎动物之一。联合国教科文组织将一些冰间湖列为世界遗产，但冰的消失给冰间湖带来严重威胁。

对海洋生命的未来来说，藻类的命运是一个大问题。在过去 20 年，

每年的春季和秋季，大约 1 200 万只海鸟从太平洋出发，飞到北冰洋。途中，它们在狭窄的白令海峡筑巢、觅食、繁育。

右页图

食物运输队

在挪威北极地区斯瓦尔巴群岛的其中一个岛上，短翅小海雀集体回到位于这里的岩石海岸上的巢穴。它们在海上取食桡足类，这种微型甲壳动物是它们的主要食物，特别是在繁殖季期间。如果变暖的水体导致浮游桡足类迁走，将会对短翅小海雀的繁殖造成巨大影响。

50—51 页图

三趾鸥大淘金

夏季，一大群三趾鸥聚集在斯瓦尔巴群岛红孙峡湾的冰川底部。它们在这个冰融水与海水交汇的区域取食微小的动物，这些动物被冰融水从底部冲上来。

更暖的水温增加了藻类 20% 的产出，导致了更多的水华，这为冰缘的微型甲壳动物（浮游动物）提供了大量食物，这些甲壳动物又被鱼类、鸟类和海洋哺乳动物取食。但是冰的损失最终会影响这种丰富的浮游生物的获得。

科学家已经注意到藻类物种组成的变化，这种变化会影响相关的海洋食物网。藻类爆发性增殖引起的水华对于海洋生命十分重要，因为许多物种的生命周期与水华的时间同步。但春季水华出现的时间已经发生了显著改变，在一些地方最早可提前 50 天，这就带来了威胁。如果水华不能按时出现，那么一些北极最重要的物种将会遭难。

比如说，这将会影响候鸟物种，当前它们会在北极藻类赋予的海洋生物兴盛期如约而至，进行繁育和取食。每年的春季和秋季，大约 1 200 万只海鸟从太平洋出发，飞到北冰洋。途中，它们在狭窄的白令海峡筑巢、觅食、繁育。其中包含小型的北极燕鸥，它们每年往返于南极和北极。但是如果“冰季”发生改变，它们抵达的时候或许会找不到食物。

已经陷入麻烦的是生活在加拿大北部的布朗尼克氏海雀（Brünnich's guillemot），它们又被称为厚嘴海鸦。厚嘴海鸦以北极鳕养育幼鸟，而北极鳕在冰缘取食藻类水华。但现在冰融化的时间比过去提早了两周，在幼鸟孵化的时间之前。当食物变得更少时，更多的幼鸟将会死亡。

自然资源保护论者（Conservationist）不确定厚嘴海鸦是否能快速改变食性转而捕食毛鳞鱼，这种鱼在冰冷的北极水体后撤后进入该区域。如果不能的话，厚嘴海鸦将会陷入麻烦。同时陷入麻烦的还有象牙鸥，它们在加拿大北极地区的数量已经减少了 70%。

随着北极的物种组成发生变化，新的食物链或许会形成，但会对人类和自然产生难以预料的影响。鲭鱼直到 10 多年之前还未见于格陵兰岛附近海域，但现在它们的数量已经相当可观，与大比目鱼、对虾一同成为格陵兰岛主要的出口物。它们与其他直到不久前还只见于更南部地区的鱼类

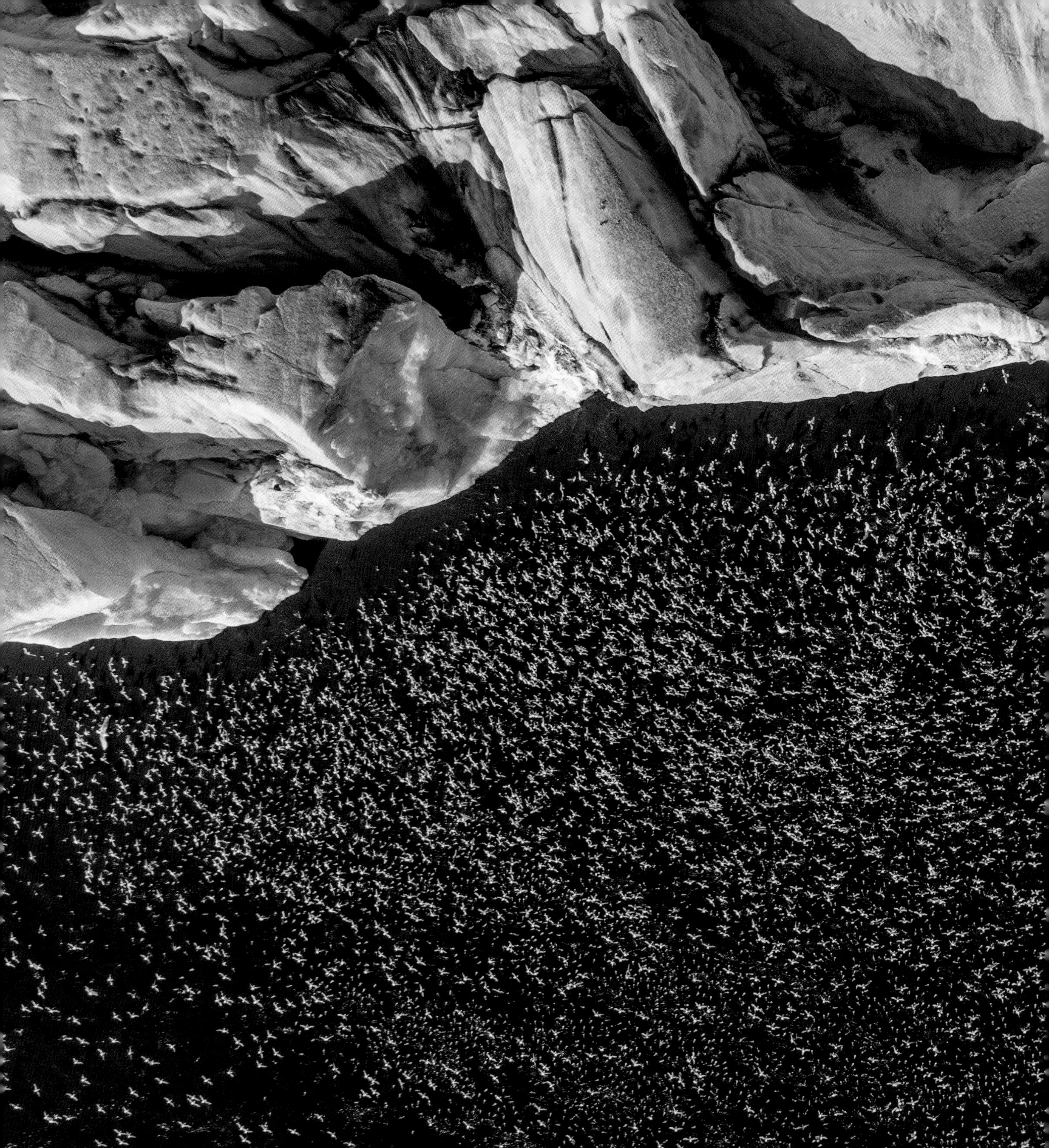

上图

冰间鳕鱼

北冰洋冰间的北极鳕幼鱼。北极鳕幼鱼在两岁之前生活在冰的周边，以桡足类等小型甲壳动物为食。血液中的抗冻成分使得它们能在 0 摄氏度以下生活。当它们长到足够大之后，就会前往开阔水域，成为海洋哺乳动物和海鸟的重要食物源。随着海洋变暖，北极鳕也成为其他鱼类的猎物，比如向北游移的大西洋鳕。

的到来，将会促使更多的新物种来到北极——尤其是当人类决定开发北极资源的时候。

人类已经在北极较偏南的区域进行鱼类捕捞，比如白令海的鲑鱼和白眼狭鳕，以及斯堪的纳维亚北部巴伦支海的北极鳕和黑线鳕。

随着北极变暖，这些种群中的一些会衰退，例如主要沿着冰缘取食的白眼狭鳕，其数量会随着冰的减少而减少。而一些其他种类的鳕鱼以及毛鳞鱼、大比目鱼，或许会幸运一些。一项研究估计，北极鱼类种群的价值到 2050 年会增加 50%，达到约 300 亿美元。

许多公司现已开始通过先前不可通航的西北航道和东北航道进行货运，这些航道位于加拿大和俄罗斯北部。穿过西伯利亚以北的北极航道能够使中国和欧洲之间的航行时间减少一半，货轮从东方装上原材料，在西方装上成品。

对于关心北极保护的人来说，最令人担忧的是一旦海冰开始后退，北冰洋洋底的矿物和烃（碳氢化合物）将会更容易开采，并且开采的利润很高。例如，世界上未探明的天然气有 1/3 被认为位于北极之下的大陆架上。妄图利用变暖的、无冰的北极获得更多的燃料似乎是愚蠢至极的行为，因

妄图利用变暖的、无冰的北极获得更多的燃料似乎是愚蠢至极的行为，因为正是这些燃料导致了变暖……但是大多数石油公司并不会这么考虑。

为正是这些燃料导致了变暖，并使温度持续升高，但是大多数石油公司并不会这么考虑。有分析者称，俄罗斯宣称占有大多数北极资源，该国正忙于将这些区域军事化以确保对它们的占有。北冰洋的一些区域并不在任何国家境内，但在 2007 年，俄罗斯探险家却将他们的国旗插在了北极的洋底。

极地地区展现的一个奇特讽刺是，人类对地球温度调节系统的影响在这个人口稀疏的地方最为强烈。那么我们能够做些什么，又已经做了什么来保护它们呢？

1959 年，12 个在南极有基地的国家签署了《南极条约》，禁止在此地进行军事和商业采矿活动，有效保证了这片大陆仅为科学所用。另一项同时签署的有关海洋资源的公约则限制了对南大洋磷虾和鱼类的捕捞。

世界首个公海海洋保护区——南奥克尼群岛南大陆架海洋保护区，以及世界上最大的受保护海洋区域——位于南极物种最丰富的海湾的罗斯海海洋保护区，这两个保护区的建立表明对极地的保护已经在逐步升级。自然资源保护论者同时呼吁在南极大陆周边建立更多的海洋保护区，给予水体与当前陆地同级的保护。这些建议包括将另一个大海湾——韦德尔海以及南极半岛也纳入保护。

同时，北极面临的威胁则更为多样和紧迫。与南极不同，北极几乎没有被正式保护起来。但在 2017 年末，各国达成了一项国际协定，针对北冰洋中部一片比地中海还要大的区域设置了 16 年的商业捕捞禁渔期，目前该区域由于海冰的保护而未进行捕鱼。各国政府同意这项禁渔令，以便在海冰消退、渔船进入新渔场捕鱼之前对鱼的种群进行评估。

这是个好消息，但生物学家想要走得更远，他们要对海底火山（鱼类繁殖地）、冷水珊瑚礁和冰间湖等生物多样性的热点区域进行正式的保护。另一个提议是，将由格陵兰北部和加拿大北极群岛东北部部分地区组成的

建立正式的保护需要与将全球变暖控制在 1.5 摄氏度以内和保护海冰不进一步融化协同进行。

右页图

弓头鲸的通道

阿拉斯加州北部沿海，一头弓头鲸和它的幼鲸在北冰洋的冰间浮出水面。弓头鲸生活于浮冰之间，以桡足类等浮游动物为食。极厚的颅骨让它们可以在需要制造呼吸洞时突破 18 厘米厚的冰层。

下图

大消融

对居住在沿海的人们来说，未来需面临的一个危险是海平面上升。超过 6 亿人生活在不超过海平面之上 10 米的区域。陆冰的消融将会导致海平面上升。特别值得关注的是西南极冰盖的消融，该冰盖锚定在水下的山脉之上，因而也会受到海水变暖的影响。不过，我们仍有时间来阻止大消融。

区域全部纳入正式保护。这个区域被称作“最后的冰区”，估计此处的海冰将维持最长时间。这片区域将成为包括北极熊在内的许多当前常见北极物种的关键避难所。但事实是，在北极，建立正式的保护需要与将全球变暖控制在 1.5 摄氏度以内和保护海冰不进一步融化协同进行。

北极已经被升高的温度、海冰融化的水体和解冻的土壤所改变，它将展开报复。融化的陆冰将会加速全世界变暖，使海平面上升。随着世界变暖，我们观察到海平面每年上涨超过 3 毫米。而这个速度还在增加，到 2100 年的时候上涨幅度会达到 60 厘米。这很大程度上是因为温度更高的水会占据更多的空间。

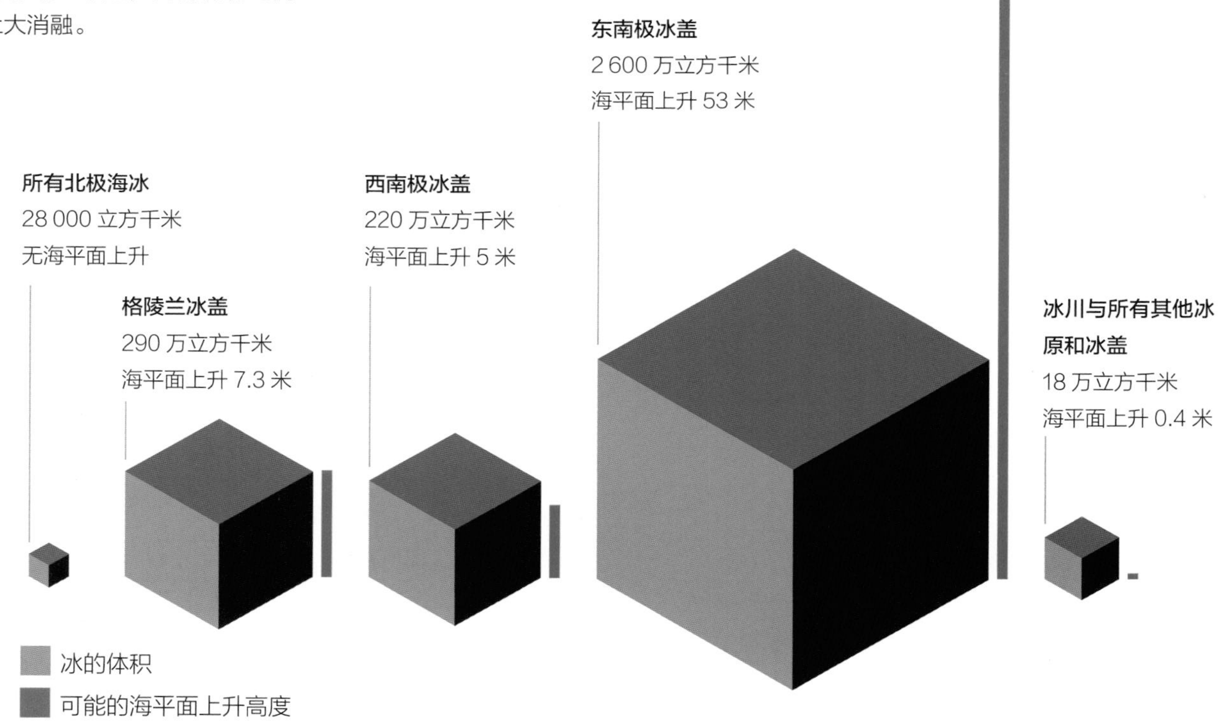

西南极冰盖的消失会导致海平面上升 5 米……这是“海平面快速上升的单个最大威胁”。

右页图

失控的格陵兰

2016 年夏季，格陵兰冰盖表面的冰融水汇聚成河流。河流在裂隙中冲出孔洞（被称为冰臼），形成竖井，将水引往冰盖底部。流水的润滑作用会导致冰盖更快地滑到海中。右页图中的橙色点是研究这种效应的研究者们的帐篷。每年，冰盖的冰会从降雪和冻雨中获得补充，并通过融化而流失。但至少从 2002 年起，冰的流失量已经远远大于获得量。同时，在冰盖与较暖的海水接触的地方，冰盖还会从下往上融化。

58—59 页图

巴布亚企鹅舰队

巴布亚企鹅在它们繁殖地的近海潜水。这群企鹅属于一个超过 100 只的集群，它们的繁殖群位于南极半岛旁的丹科岛附近。这些企鹅在捕食磷虾，并带回去喂养它们生长中的幼鸟。随着南极海冰的收缩，巴布亚企鹅扩大了它们的食谱范围。这可能一方面是因为巴布亚企鹅不像阿德利企鹅那样依赖磷虾，另一方面是因为它们体型较大，所以它们能潜得更深，捕捉种类更丰富的鱼类。

海洋的这种热膨胀将会持续。随着极地区域融化的冰使更多的水涌入海洋，海平面的上升将会加速，甚至可能急剧加速。

融化的海冰对海平面没有直接的影响，因为它本身已经漂浮在海洋中（如果它融化并不会增加额外的体积）。但当陆冰融化，水注入海洋，世界范围的海平面都会上升，沿海区域会被淹没。

陆地上有许多的冰——大多数属于覆盖在格陵兰岛和南极洲的 3 个巨大冰盖。格陵兰岛的面积大约是德国的 6 倍，冰盖厚度达 3 千米。这个冰盖正在消融，这使得全球海平面每年上升 1 毫米。如果它全部融化（至少需要数个世纪，但可能变得无法阻止），最终会使海平面上升 7.3 米。

这个星球上面积最大的冰域是东南极冰盖。它似乎是稳定的，既因为其巨大的尺寸，又因为其位于稳固的陆地上。这是一个好消息，因为如果它完全融化，将会使海平面上升多达 53 米。但是它较小的亲戚——西南极冰盖，则是另一种情况了。

西南极冰盖并不处在稳固的大陆上，而是锚定在一系列水下山脉上。科学家警告说，当温暖的洋流在冰下形成环流，可能会导致冰松脱并漂走，冰在漂走的过程中会持续融化。世界上研究南极冰的顶尖专家之一，美国国家航空航天局的埃里克 · 里戈诺特持有一个有争议的观点，他认为这种后果长期来看“无法阻止”。

西南极冰盖的消失会导致海平面上升 5 米。美国国家航空航天局称，这是“海平面快速上升的单个最大威胁”。它的消亡将是全球性的灾难，世界上的许多大城市和部分最好的农业用地将被淹没，同时被淹的还有滨海生态系统。冰的消失起初可能很缓慢，在两个世纪内对海平面升高贡献不大。但是，如果我们在这期间不阻止全球变暖，那么海平面上升将会很快加速。

教训似乎在于，我们的当务之急不仅仅是要阻止逐步变暖，更要阻止遥远的南极地区跨过临界点，否则我们的世界最终会变成一片沼泽。

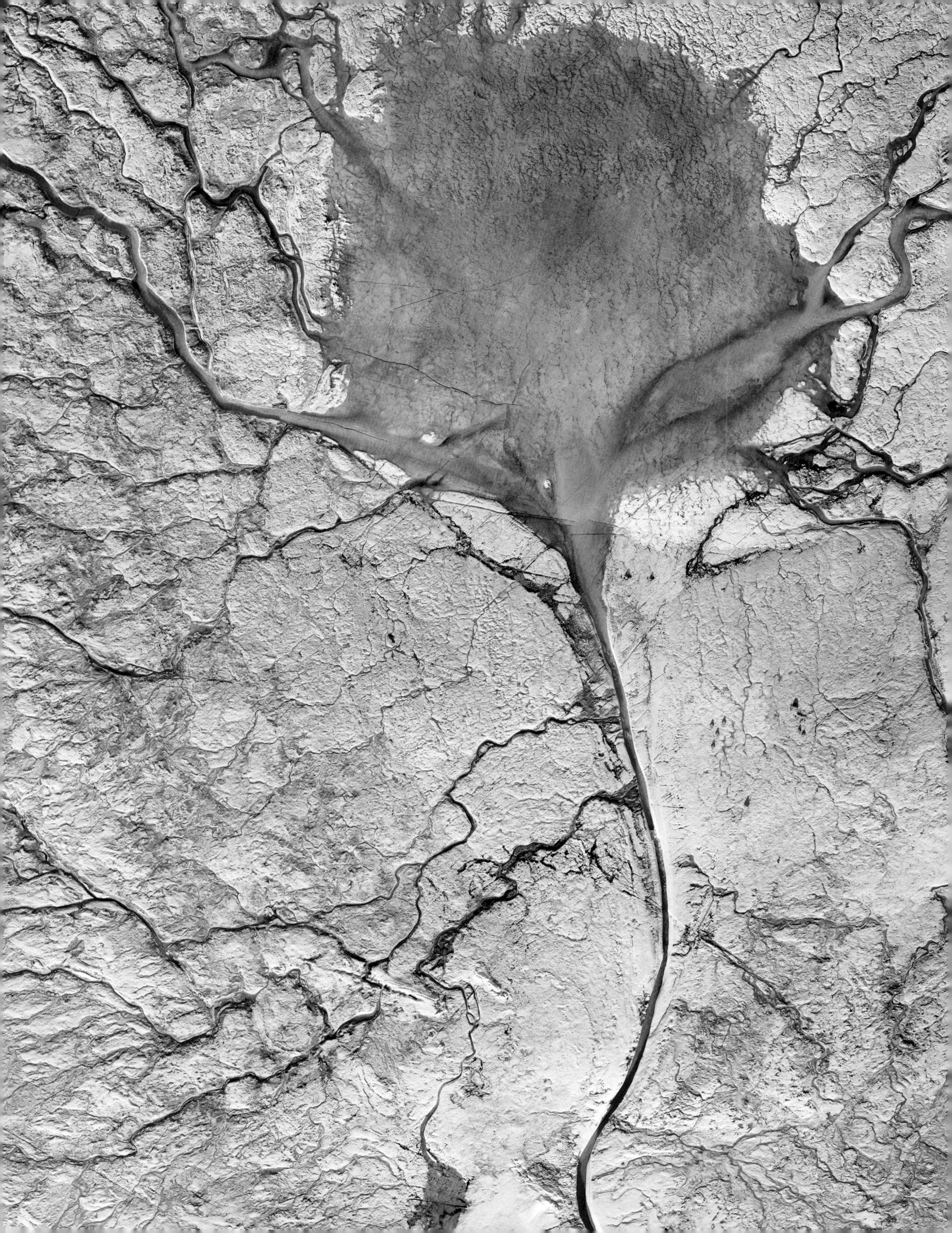

淡水环境

水生万物

“数个世纪以来，我们为了自身的繁荣发展而努力控制水资源，但这扰乱了自然的水循环。我们已经到了临界点。大坝、改道和防洪堤不仅影响了淡水生态系统和生物多样性，而且现在它们对于建立水资源安全也不那么有效了。随着洪水、干旱、野火和缺水的风险增加，我们必须找寻修复水循环的方法，顺应而非对抗自然节律。所有生命的福祉均依赖于此。”

——桑德拉 · 波斯特尔（Sandra Postel）

全球淡水专家，《补水：良性水循环与繁荣》（*Replenish: The Virtuous Cycle of Water and Prosperity*）作者

世界上的大河是我们星球的动脉。它们的水流维持着水循环，将陆地的降雨带回海洋，而后海水又蒸发进入空中形成更多的降雨。

河流流向低处注入大海，这样说对吗？事实并不总是这样。每年有接近一半的时间，柬埔寨的洞里萨河会倒流，远离海洋。正常情况下，这条河会汇入东南亚最大的河流湄公河。但在6—11月的季风季节，流入宏大的湄公河的水量是旱季时的50倍，这个水量过于巨大，以至于水倒灌入洞里萨河的河道，迫使水流向上游倒流达200千米。这些洪水进入一个湖泊，进而漫延开来，淹没周边100千米范围的森林。

在这样的几个月里，洞里萨河及其源头处的“大湖”（洞里萨湖）接纳了湄公河季风季节流量的1/5。这些水流带来了肥沃的淤泥和数以十亿计的鱼苗。弥漫在洪泛森林的浑水中，鱼苗长成了肥硕的大鱼。数以百万计的鸟类聚集到树林里取食鱼类，数千名生活在湖上“浮村”的人类居民收获鱼虾满仓。这个场景给19世纪的法国探险家皮埃尔·洛蒂带来了灵感，他把柬埔寨称作一个“鱼长在树上”的国家。

当洪水退去，大湖的水排出，洞里萨河便会转向，重新流回湄公河。鱼儿循着水游出之后向大河的上游和下游迁徙。倒流的洞里萨河及其洪泛森林是湄公河跳动的心脏，而湄公河是我们这个星球上生物最为丰富的河流之一，是仅存的伊河海豚和长达3米的湄公河巨鲶等生物的家园。湄公河是除了亚马孙河以外鱼类捕捞量最大的地方。这些鱼为大约6 000万人提供了生计。根据援助机构乐施会（Oxfam）所称，它出产的鱼类“比其他任何国家对经济稳定和食品安全的贡献更大”。

洞里萨河丰富的物产养育了亚洲最大的帝国之一。高棉文明，鼎盛于12世纪，其中心位于吴哥窟，这是一个靠近大湖的宫殿群。从那时开始，生活于洞里萨河周边的人们为纪念河流转向的日子而举行庆典。每年，人们都会乘着数百条以水蛇装饰的独木舟进行比赛，沿河而下划到位于洞里萨河汇入湄公河处的柬埔寨皇宫。

在季风季节，湄公河狂暴的洪水淹没河漫滩并侵入森林，创造出天然财富。这深刻地提醒着我们：世界上许多其他河流在我们筑坝截流和治理

60页图

火与冰

瓦特纳冰川深处的冰洞。该冰川展布于冰岛东南部，是欧洲最大的冰川之一。但这还能持续多久？由于上空空气变暖，它正在快速融化，每年大约缩减1米。冰川坐落于许多火山之上，因此人们担忧随着融化导致冰的质量减少，火山会变得更加活跃，导致突发洪水或更坏的灾难。

62—63页图

海绵世界

在美国东海岸切萨皮克分水岭剩下的湿地中，楠西蒙河（Nansemond River）湿地是保护得最好的。湿地本身能保护土地不受洪水和风暴的冲击，吸收土地中受污染的径流，减缓营养流、沉积物和化学污染物进入河流。它们同时也为野生动物提供了重要的栖息地。

左页图

泽国

柬埔寨洞里萨河源头处大湖岸边的洪泛森林。这里的生活繁忙。船只从水上村庄出发，前往世界上最多产的渔场之一进行捕鱼。这个湖泊的天然财富依靠季风季节宽广的湄公河向上游倒流注入的水来维持。但是湄公河上的水电大坝有结束这种周期性洪水的风险，这将会破坏洪泛森林和渔场。

上图

湍急的湄公河

一位站在湄公河水流最急处——孔恩瀑布的渔民。通过此处，数百万升河水从老挝倾泻到柬埔寨，带来了丰富的鱼类和肥沃的淤泥，为至少 4 000 万人提供了生计。超过 70 座大型水坝，包括一座位于瀑布上游的有争议的水坝，计划建在湄公河及其支流上。但就目前而言，湄公河的流动仍相对自由，是世界上重要的动脉之一。

洪水之前，也是这般模样。这让我们回忆起当年河里的水流主要是被季节控制，而不是由电力消费者或农民的需求支配，那时自然能从季节性的水流循环中获益，使河流生机勃勃。

淡水生态系统和它们包含的物种与那些陆地和海洋中的物种有着密切关系。以北美鲑鱼的生活为例，它们生命中大多数时间生活在太平洋和大西洋中，但在 5 岁左右时，它们离开海洋，利用神奇的磁定位系统寻得返回它们出生的河流的路径。它们会游过数千千米进入河流，然后逆流而上抵达它们的出生地——砾石河床。

在这里，雌性鲑鱼寻找能为卵提供良好氧气流的地方，并在河床上建立砾石巢穴用以产卵。随后雄性之间通过争斗获取接近雌性的机会，并使其产下的卵受精。不久之后，雌鱼和雄鱼均会死去，生命进入新轮回，新的一代会在一年或更长时间后回归大海。一些鲑鱼的洄游被水电大坝所妨碍，这些大坝会阻断迁徙，或导致砾石河床被淹没。哥伦比亚河上超过一

> 湄公河是除了亚马孙河以外鱼类捕捞量最大的地方。这些鱼为大约 6 000 万人提供了生计。

半的产卵场已经消失，但其他鱼类的洄游仍然活跃，红鲑的洄游是其中最壮观的洄游之一。接近世界种群一半的红鲑游入白令海和布里斯托尔湾，随后逆流而上，抵达阿拉斯加州西南部的群山中产卵。通常，每年有 6 000 万条红鲑洄游，同时进行洄游的还有数以百万计的粉红鲑、国王鲑、银鲑和狗鲑。

生态学家称鲑鱼为关键物种，它们在从俄勒冈州到阿拉斯加州的美洲西北部特别重要。它们的生殖洄游对诸如熊、狼、水獭和水貂这些捕食者来说是一年中最重要的时刻，这些动物都从这种淡水迁徙中获益，这种迁徙被一些生物学家拿来与塞伦盖蒂平原上的角马迁徙进行对比。

熊从河流中捕捉肥硕的鲑鱼，然后带入林区进食。它们能在浅水中追捕鲑鱼，甚至能在鲑鱼跃出瀑布时抓住它们。作为邋遢的食客，熊会在森林地面及其粪便中留下鲑鱼的残渣。通过这种方式，死去的鲑鱼为河岸林地提供了肥料总量的 1/4，即每年为每公顷（1 公顷等于 1 万平方米）土地提供数吨肥料。阿拉斯加州的云杉树在有鲑鱼洄游的河岸边的生长速度比不处于这种环境的快 3 倍，它们简直可以说是“鲑鱼做的”。

鸟类也受益匪浅。渡鸦、乌鸦、海鸥和鹰全都加入鲑鱼的盛宴中。世界上一些密度最高的鹰类种群就位于阿拉斯加州主要的鲑鱼产卵场附近。每年有多达 50 万条狗鲑聚集于奇尔卡特河上游的产卵场，为数千只白头海雕提供了食物。

尽管会被这些动物捕食，许多成年鲑鱼还是能活到产卵，而后在河流中正常死亡。它们腐烂的尸体释放出营养物，这些营养物原本由它们在海洋中摄取，现在转移到了河流生态系统中。这种联系显而易见。头年秋季鲑鱼最多的河流，次年夏季便会有最多的在河口繁育的鸟类。

世界上的大河是我们星球的动脉。它们的水流维持着水循环，将陆地的降雨带回海洋，而后海水又蒸发进入空中形成更多的降雨。它们也是繁殖场，是自然的通路，连接着这个星球的生态系统。河流把水从山川带到

死去的鲑鱼为河岸林地提供了肥料总量的 1/4。

沙漠，将洄游性鱼类从海洋带到内陆深处的产卵场。同时，它们带来肥沃的淤泥，保持河漫滩的肥沃，并保护河口城市不受海平面上升的影响。

总之，河流带来生命。世界上的鱼类物种有接近一半生活于河流中。世界上流量最大的河流——亚马孙河，其流域被世界上面积最大、生物多样性最高的雨林占据，这并非巧合。

大河也支撑着人类社会。数亿人依赖河流的流动，他们直接捕鱼为食，或者利用洪水灌溉农田和草场来间接获取食物。这就是为什么几乎所有古代文明都发源于主要河流，这些文明包括尼罗河边的古埃及，底格里斯河和幼发拉底河边的美索不达米亚，黄河边的中国，等等。即使在今天，大多数内陆城市也坐落于河岸，世界上大多数超大城市，比如纽约、上海和伦敦等，都坐落于河口。

但是最近的几十年间，人类在滥用这些天然的赋予生命的动脉。我们在河道中建设堤坝，试图阻挡洪水。我们建设了大约 6 万座大型水坝和数百万座较小的水坝，从而截断了它们的水流。这些水被引到渠中浇灌田地，或进入城市供水系统，之后这些水也许再也流不回去；又或者这些水被用来推动涡轮机产生电力，然后被不分季节地排入下游，下游通常会失去部分肥沃的淤泥，这可能会扰乱沿路直至海洋的生态系统。

其中最为出名的阻断包括美国西部科罗拉多州的胡佛水坝，以及世界上最长的河流——尼罗河上的埃及阿斯旺大坝。这为现代世界带来了一些便利：我们的电力大约有 1/4 来自水电大坝，我们的作物大约有 1/4 来自河流灌溉。

但生态上的影响是深远的。受水坝和其他沿岸修建的基础设施影响，世界上大约有 2/3 的大河流动不再顺畅。老挝和柬埔寨的湄公河下游规划的水坝，会影响洞里萨河的周期性洪水，世界上最大的内陆渔场可能会成为遥远的记忆。

目前，怒江不受阻拦地奔流了 2 800 千米，从中国西藏的群山穿过缅甸和泰国的丛林，流入印度洋。但是，缅甸已经规划了 7 座水坝。

欧洲几乎所有的大型河流上都修建了水坝，俄罗斯境外的唯一例外是

左页图

熊的必需品

阿拉斯加州卡特迈国家公园，一头棕熊潜入溪水中捕捉产卵途中的红鲑。在阿拉斯加州，洄游的红鲑有助于维持这个星球上最高的熊类种群密度。甚至这些红鲑在周边森林地面上的残骸还是树木主要的营养来源。

70—71 页图

鳄鱼爸爸

印度昌巴尔河，一只雄性恒河鳄在守护着来自 8—10 只雌鳄的新生幼崽，这里是该物种最后的根据地。与许多其他鳄鱼不同，恒河鳄不能在陆上平稳爬行或打洞躲避干旱。它们目前已经成了极危物种，部分原因是引水导致池塘在漫长的旱季变得干涸。

右页图

清水潜水员

在西班牙萨拉曼卡的托尔梅斯河畔，一只“普通翠鸟”（一种体型小巧的翠鸟）从栖木跃入池塘中捕捉小鱼。它是淡水群落中最为华丽的成员，依赖含氧且无污染的水体。翠鸟长期以来的减少，被认为主要是由于农药径流和工业废水带来的水体污染，但现在这种鸟类正在因许多欧洲水体的清污工程而获益。

阿尔巴尼亚的维约萨河，但在其全长约 270 千米的河道上，现在也确定要建设 7 座水坝。即使是亚马孙河，也有许多较大的支流中修建了水坝。

对许多淡水生态系统来说，破坏是灾难性的。我们长期大量夺走水资源，使得一些世界上最大的河流不能再抵达海洋，它们的三角洲变得荒芜，河口被沙堵塞，而咸海水向上游倒灌。

山猫和河狸一度徜徉在墨西哥科罗拉多河三角洲的潟湖和森林中，但 20 多年来，河水断流，三角洲成了枯萎的荒地。巴基斯坦干枯的印度河三角洲已经损失了 100 万公顷的红树林。在过去的半个世纪，世界上河流和淡水湿地的野生动物减少了 80%，这很大程度上是因为我们的工程作业。但是水坝建设并没有停止的迹象，还有大约 3 700 座正在规划或建造中。

非洲是新的焦点：在青尼罗河上，埃塞俄比亚正在建造非洲大陆上最

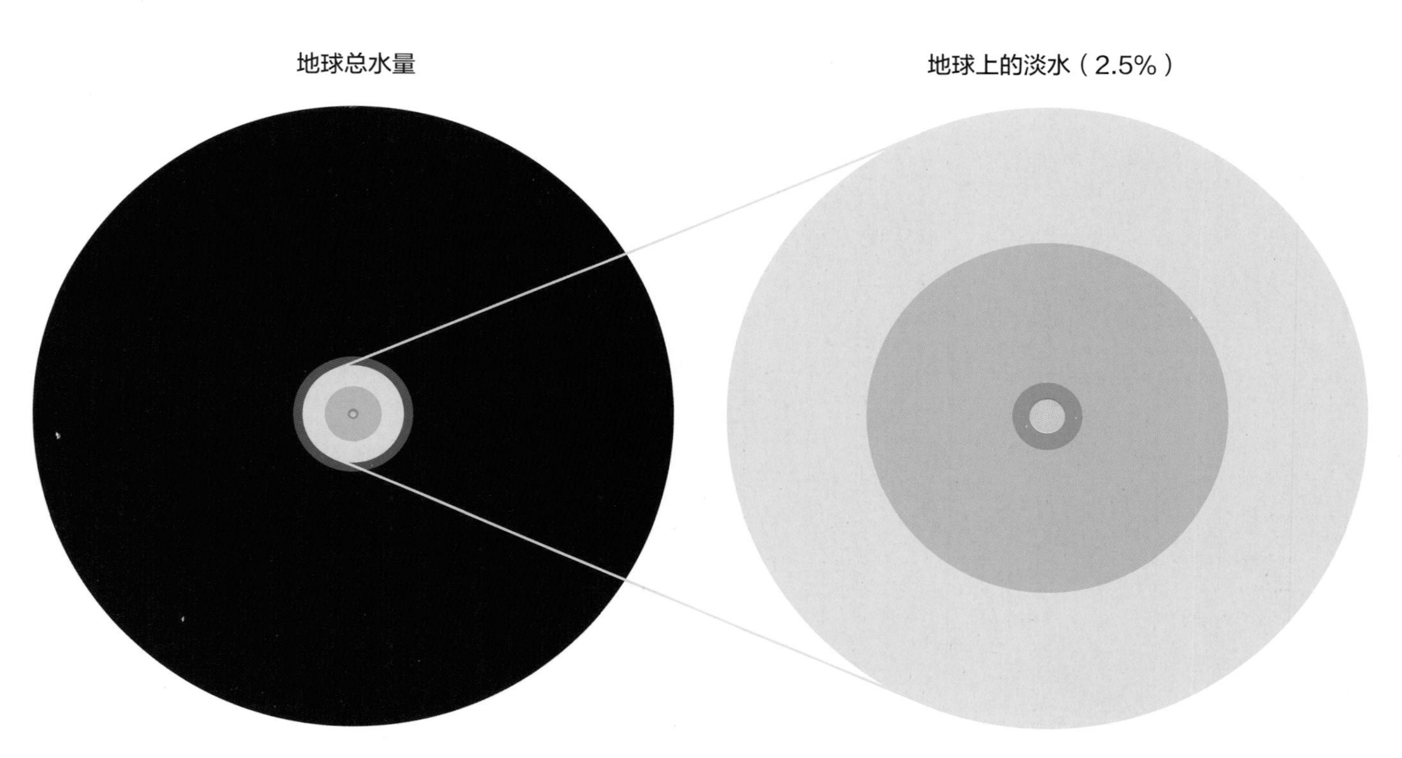

上图

珍贵的淡水

世界上仅 2.5% 的水不是咸水。淡水中，超过 2/3 以冰的形式储藏，近 1/3 是地下淡水。其余的淡水只占总水量的 0.03%，而其中只有小部分流淌于河流和小溪中。

咸水（97.5%）
- 海水 96.5%
- 其他咸水（位于陆地上，如湖泊中；或位于地下）1%

淡水（2.5%）
- 冰冻的淡水（冰盖、冰川、积雪）1.72%
- 地下淡水 0.75%
- 其他淡水（如土壤、大气、植物内）0.02%
- 地表水（湖泊、树沼、河流、小溪等）0.01%

世界上河流的天然财富的一个重要部分来自湿地和河岸——树沼和草沼，河漫滩和低地沼泽，湖泊和泥沼。

右页图

潘塔纳尔的重量级选手

巴西潘塔纳尔湿地，一只大型美洲豹与一只体型更大的巴拉圭凯门鳄在森林覆盖的河岸旁进行了 20 分钟的死斗。美洲豹定期会沿着水道猎捕凯门鳄，不过只有大型美洲豹才能成功制服这种体型的凯门鳄。目前，潘塔纳尔仍然是这两个物种的避难所。

76—77 页图

巴西的广袤水乡

潘塔纳尔平原位于巴西西部中段巨大的巴拉圭河上游流域，这里湿地、森林、草原交错，形成了世界上最大和最重要的淡水生态系统之一。这里的植物和动物适应了季节性的洪水和干旱以及不断变化的水陆边界。在大汛期中，约 80% 的区域会被淹没，把草原变成养牛场增加了水污染，而在旱季时其则会加剧砂质土壤的侵蚀。

大的水坝；而在非洲南部的赞比西河和非洲流量最大的河流——刚果河上，还有更多的水坝处在规划之中。

即使忽略生态损伤，大多数水坝的经济效益也不强。牛津大学的一项研究发现，在过去的一个世纪中，建设大型水坝的花费约为 2 万亿美元，其中有一半水坝为相关国家提供的经济回报为负。这些水坝的完成大都迟于预期多年，平均花费是预算的近 2 倍。许多水电大坝缺少电缆传输电力；许多灌溉水坝缺少引水渠；有些水坝则淹没了肥沃的农田，毁坏了宝贵的渔场。

世界上河流的天然财富的一个重要部分来自湿地和河岸——树沼和草沼，河漫滩和低地沼泽，湖泊和泥沼。它们是最多产、生物多样性最高的生态系统之一。水与富含养分的淤泥混合起来流淌在陆地上，为自然带来极高的生产力。

世界上最大的淡水湿地是潘塔纳尔湿地，它的面积与希腊相仿（处在动态变化之中）。它大部分位于巴西，由一片片散布在巴拉圭河巨大河漫滩上的潟湖、死水、湖泊和草沼组成。类似北面的亚马孙雨林，这里也是生物多样性的热点区域。

潘塔纳尔湿地是超过 600 种鸟类的家园，其中包括大量的巨型裸颈鹳。该湿地还藏匿了一些世界上最可怕的捕食者，当旱季来临，生命活动集中在缩小的池塘和水道周围时，这些捕食者最为危险。水豚和貘企图逃离水中 1 000 万只凯门鳄的大口，但又会遭遇岸边埋伏的美洲豹甚至巨型水蚺（南美洲蟒蛇）。美洲豹的咬合力比其他所有大型猫科动物都要强，它们甚至可以捕杀凯门鳄。

潘塔纳尔湿地的许多汇水区已经用来养牛，但该湿地的多数地方仍然只能通过船只抵达。当远方的森林和草原被农民占领时，作为野生动物避难所的湿地显得愈加重要。

世界各处的湿地是动物们的避难所。在沙漠边缘，它们尤其重要。举

内尼日尔三角洲也是超过 200 万人的家园，这些人仍然依靠收集三角洲丰富的资源而生存。他们在河流涨水、三角洲被淹没时捕鱼，而当旱季洪水退去时，他们就在河马草草地上牧牛并种植作物。

例来说，廷巴克图附近的内尼日尔三角洲位于撒哈拉沙漠边缘，是一颗面积与比利时相当的“绿色明珠”，在那里，西非最大的河流在沙漠的沙地上铺开。它的水道、河马草草地和洪泛森林养育了超过 100 种鱼，其中 24 种是此处独有的。海牛在水中游泳，鳄鱼和河马在浅水处徘徊。几十万只来自欧洲的鸟类在此越冬，包括鸻鹬、苍鹭、琵鹭和鹤。内尼日尔三角洲也是超过 200 万人的家园，这些人仍然依靠收集三角洲丰富的资源而生存。他们在河流涨水、三角洲被淹没时捕鱼，而当旱季洪水退去时，他们就在河马草草地上牧牛并种植作物。

在发生干旱和战争时，湿地也是安全的避风港。当雨水缺乏时，它们是最后的食物来源地。在漫长而残酷的南苏丹内战期间，大约 10 万人流离失所，他们来到苏德沼泽这片世界上第二大的树沼，在芦苇丛、大象和河马间偷生，依靠尼罗河生存。

这类原始的湿地对于自然和人类十分重要，但很多人长期以来都在漠视它们。它们的各种名字——泥潭、泥沼、树沼，都成了我们讨厌的东西的隐喻。于是我们排干它们、筑建堤坝，我们在输入湿地的河流中修建水坝和引水渠，我们占用湿地的土地来建造农场和城市。

湿地的消亡是毁灭性的。当水坝或河水分流切断水的供给，湖泊就会逐渐干枯，树木会枯萎倒地，作物会被太阳烤焦，渔网会一无所获，动物尸体会遍布大地。大约 20 年前，水坝使得哈蒙（Hamoun）湿地干涸，这是一片位于伊朗和阿富汗偏僻交界处的湿地。豹、水獭、鲤鱼和火烈鸟都失去了它们的栖息地，同样受灾的还有 30 万名人类，他们最终去了难民营。

湿地的财富正从我们的指间溜走。虽然不同的估算存在差异，但是大约 2/3 的湿地或许已在过去 300 年中消失。美国排干了超过一半的湿地。加利福尼亚州在过去两个世纪损失了 90% 的湿地，密西西比河损失了 80% 的河漫滩。

左页图

生命之河

西非最大的河流——尼日尔河，流经位于马里的古老沙漠城市加奥。会季节性被淹没的沙岛上种植着水稻，以养活这个数千年来一直是重要贸易中心的城市。盐和其他货物由骆驼穿过撒哈拉沙漠运到此处，随后被装船继续运往市场。

丽鱼……在坦噶尼喀湖中演化得丰富多样。在这个古老的湖泊中生活着大约 250 种丽鱼，其中 98% 是独有物种。

右页图

“有型的”湖中居民

东非巨大的坦噶尼喀湖中，2 种丽鱼展现了它们不同寻常的生活方式。这仅仅是湖里 245 种独有丽鱼中的 2 种。

右页图 · 上

母亲之口

一条雌性丽鱼“小鳞单列齿丽鱼”（*Haplotaxodon microlepis*）利用口部作为幼鱼的庇护所，其配偶的口部也会用作幼鱼的庇护所。

右页图 · 下

盗壳者

一条雄性盗壳丽鱼“美鳍亮丽鲷”（*Lamprologus callipterus*）收集螺壳以吸引雌鱼（图左）进入其中生活。只有体型小得多的雌鱼适合生活在壳内，并将壳作为住所以及卵与幼鱼的养育所。如果邻居的壳出现在附近，雄鱼可能会偷走这些壳，即使里面已经住了一条雌鱼。

82—83 页图

只需加水

黎明时分的艾尔湖。这个沙漠湖通常是干涸的，但它是跨越澳大利亚干旱内陆的一个巨大盆地的最低点。盆地中任何一处下雨时，水都会流向这里并积聚起来，直到太阳将其蒸发。这个湖泊能覆盖多达 1 万平方千米，并快速成为生命的丰饶角。

损失还在扩大。在西非的尼日尔河上，有一座水坝正在建设，这预计会使内尼日尔三角洲的鱼类储量减少 30%。开发者们还盯上了苏德沼泽：南苏丹内战刚一结束，他们就想建造一条运河，让尼罗河的水绕过湿地，以减少蒸发，使更多的水输送到下游的苏丹和埃及。在巴西，有人计划开凿一条横穿潘塔纳尔的巨型航运运河。该工程的经济目的是让远洋轮船装载巴西的大豆运到亚洲，木材运到欧洲，天然气运到全世界。在潘塔纳尔下游，挖泥船已经在忙碌地工作。水文学家说，如果他们继续这样做，那么这片世界上最大的湿地将会有一半变得干涸。

我们星球上的一些水体能在数千年内保持不变。东非裂谷的湖泊群是世界上最古老的水体之一。其中最老、最长、最深的湖泊是位于坦桑尼亚和刚果（金）边界的坦噶尼喀湖，它最深处可达约 1 500 米。湖水大多缺氧，很少有生物能在 100 米深度以下生存，然而这个湖泊远不是一个死湖。

这个湖泊的岸边充满了生命。在这个“生物多样性的浴盆圈”中潜伏着鳄鱼、水眼镜蛇、菱斑龟和比加拉帕戈斯群岛更多的独特物种。有一个科的鱼在这里占主导地位，那就是丽鱼，一类色彩斑斓的水族馆宠儿，它们在坦噶尼喀湖中演化得丰富多样。在这个古老的湖泊中生活着大约 250 种丽鱼，其中 98% 是独有物种。最大的丽鱼可长到 1 米，最小的仅有 4 厘米。少数丽鱼还演化为能在缺氧的深水中生存。

坦噶尼喀湖已经存在了数百万年之久，而许多其他的湖泊却不断地出现和消失，有时候这就是几天的工夫。在澳大利亚腹地，有一个巨大的凹陷，那里是这片大陆最热最干的地方之一。它占据了这个巨大岛屿的 1/6，它的盐滩一度是最受欢迎的用来刷新陆地速度纪录的地点。但在少数时候，远处群山的雨水会冲入这个盆地，随后湖泊快速漫过盐滩。这里的艾尔湖能在几天之内增长到 1 万平方千米。

随着湖泊的出现，休眠的昆虫幼虫迅速复生，潜藏在沙漠池塘的鱼类

赶来取食繁育，野花铺满了湖泊周边的潮湿沙地，数十万只水鸟嗅到了机遇飞行至此。鹈鹕从南澳大利亚州的遥远海岸飞来，形成一个庞大的集群并快速繁殖下一代。通常，这种繁荣是短暂的。在内陆太阳的炙烤下，水分蒸发、河流变干、湖泊变空。数百万条死鱼标志了曾经的湖岸；鸟类飞走，留下那些无法飞行的老弱病残。湖泊的出现和消失伴随着生命的兴衰。没有地方可以比艾尔湖更好地表明：即使在看似最不可能的地方，自然也能回归——只需加水。

但永久性缺水后，生态灾难挥之不去。在一些因兴建水坝和过度用水导致流向内陆凹陷的河流遭到破坏的地方，这一切已经发生。直到半个世

纪前，中亚的咸海还一直是世界第四大内陆海。这片面积相当于苏格兰的水体曾持续被天山和兴都库什山流出的大河补充。它也曾因蓝色的水和美丽的海滩而闻名。它为苏联提供了鱼类消耗的 1/6，但是之后一项巨大的苏联农业工程将河流改道，使其流向中亚的 3 个国家——乌兹别克斯坦、哈萨克斯坦和土库曼斯坦，用于棉花种植。

这个巨大的内陆海现在变成了一系列在太阳下蒸发的咸水坑。它的岸线后退了 100 多千米，形成了只有很少人涉足的沙漠。4 种特有的鲟鱼现已灭绝，拖网渔船最后一次下海是在 1984 年。同时，因为缺少了海洋的缓冲效应，当地气候已经发生了改变——夏季更热，冬季更冷，并且风吹

上图

鹈鹕飞入

“临时的”艾尔湖。无论任何时候，只要湖中填满水，鹈鹕就会从几百千米外的海岸飞过来，形成一个巨大的突然出现的群体，它们在湖中捕鱼和繁育。这个无比庞大的群体可包含 50 万只鹈鹕，没有人知道鹈鹕们是如何把握飞来的时机的。

冰的消融

我们星球的水循环将被气候变化严重影响。现在，降雨模式的改变正影响着河流，使得干旱和暴雨加剧。一些河流随着降雨减少而干涸，而更快的蒸发导致流入河流的水变得更少。

撒哈拉沙漠边缘的尼日尔河会损失 1/3 的流量，维系着埃及的尼罗河也会如此。美国西部地区可能会遭受持续几十年的大旱，而其他一些河流则会因降雨增加而变得更加汹涌。

山岳冰川的损失是一个正在迫近的威胁。目前在世界许多地方，冰川的夏季融化都为河流提供了稳定的流量。即使没有降雨，河流也会保持流动。但是随着全球变暖，许多冰川每年夏季损失的冰超过了冬季降雪所补充的。

欧洲的阿尔卑斯山，诸如莱茵河和罗纳河都起源于此，已经损失了一半的冰。当喜马拉雅山和中国西藏的冰川消失时，亚洲多地将会迎来生态灾难。

黄河、长江、湄公河（中国境内部分称澜沧江）、怒江、伊洛瓦底江（中国云南境内称独龙江）、恒河、布拉马普特拉河（中国境内部分称雅鲁藏布江）、印度河，所有这些大河的流量大部分来自山岳冰川的夏季融化，这些冰川通常被称为“亚洲水塔”。

巨大的生态系统，比如从孟加拉国延伸到印度的世界上最大的红树林沼泽——孙德尔本斯，又如柬埔寨洞里萨河的洪泛森林，都依赖这些河流，亚洲大约 20 亿人也依赖这些河流。但是每年夏季这些冰川的体积都在减小。如果融冰过程能够持续，河流将在夏季保持奔流，但是一旦冰消失了，河流将依赖不稳定的降雨。

但是几乎在所有地方，抽走的水量都多于雨水所补充的。地下水位在下降，几年后，水井将会干涸。

过海床时会卷起含有盐和棉田杀虫剂残余物的沙尘暴。环境的毒化和失业使许多人逃离。联合国将这里发生的一切称作 20 世纪最严重的环境灾难。

在非洲，乍得湖也有类似的遭遇。它的水域位于撒哈拉沙漠边缘，一度覆盖了多达 2.5 万平方千米，延伸到尼日利亚、尼日尔、喀麦隆和乍得。但是自 20 世纪 70 年代以来，它有超过 90% 的面积已经消失——起初是因为干旱，但最近是因为补给湖泊的河流被改道去灌溉数百千米之外的作物。曾经，这个湖泊及其湖滨是河马、大象、鳄鱼、猎豹和鬣狗的家园，但现在动物们大多已消失不见，湖泊剩下的部分被浓密的芦苇和睡莲所覆盖。沙漠正在入侵。

这种生态财富的损失也给人类带来了灾难。共计约 1 300 万的农民、渔民和牧民蒙受缺水、作物减产、家畜死亡、渔场崩溃以及与日俱增的贫困。2013—2016 年，超过 200 万难民离开了湖边的家园，其中许多人选择前往欧洲。

我们似乎并没有从这些灾难中汲取教训。埃塞俄比亚奥莫河目前在建的水坝会使肯尼亚图尔卡纳湖的面积减少到现在的一半。图尔卡纳湖因其漂亮的颜色而被英国探险家称作“碧玉海”，它维系着 5 个国家公园。在此，河马于泥中翻滚，鳄鱼则尽情享用丰富的鱼类资源。当湖泊缩小时，动物会失去它们的栖息地，50 万以捕鱼为生的人们会失去生计。

当世界上许多大河被我们抽干，当湿地和湖泊萎缩，一度依赖这些水体的人们只好挖掘、钻井以寻找被称为含水层的地下水储备。但是几乎在所有地方，抽走的水量都多于雨水所补充的。地下水位在下降，几年后，水井将会干涸。

印度的泵水量大幅增加，灌溉几乎消耗了雨水所补充的水量的 2 倍。在 50 多年前的古吉拉特邦，小公牛通过皮桶从 10 米深的敞口井中将水提上来；而现在，井需要打至 400 米深才能见到水。数亿印度农民和他们的家庭面临着陷入困境的风险。

左页图

快速融化的加拿大极北地区的喀斯喀乌什冰川（Kaskawulsh Glacier）。它的快速后退已经导致一条河流改道。

右页图

地下世界的窗口

佛罗里达州杰克逊县石灰岩洞穴系统中的诸多淡水“落水洞”之一。这个水坑来源于一个庞大的地下水系统——佛罗里达含水层，这个含水层位于整个佛罗里达州及部分邻近州之下。这层古老的地下水滋养了无数的湖泊和水井，但它正在枯竭，因为农业和其他用途的用水速度超过了雨水渗透过石灰岩进行补充的速度。

印度并非唯一。据粗略统计，世界上 1/10 的食物是用无法得到雨水补充的地下水种植得来的。巨型灌溉工程从阿拉伯沙漠和撒哈拉沙漠下方巨量的古老地下水储备中泵水。阿拉伯沙漠曾经拥有世界上最大的地下水储备之一，但其在不到 40 年的时间里已消耗殆尽。

北美大平原之下是巨大的奥加拉拉含水层。该含水层因曾在此地猎捕野牛的苏族（Sioux）而得名，它的“领地”从南达科他州一直延伸到得克萨斯州。在 20 世纪 30 年代，只有 600 口井取用含水层的水。到了 20 世纪 70 年代晚期，井的数量达到 20 万口，为这个国家超过 1/3 的耕地提供灌溉用水。在某些年份，这里的水浇灌了国际市场上交易的 3/4 的小麦，这些粮食足够在尼罗河干涸时喂饱所有的埃及人。但在一些地方，2/3 的水已经消失。这对农民来说是坏消息，但对自然来说也许是好事：随着农场关闭，灌木蒿和野牛草正在回归，野牛也许将随后而至。

在其他地方，抽取地下水也在使自然枯竭。许多湿地因地下水而存在，比如沙漠绿洲。从古代开始，约旦的阿兹拉克绿洲就是穿越阿拉伯沙漠运货的骆驼队的补给点，也是鸟类在非洲和欧洲之间迁徙的补给点。它的芦苇丛和水道由浅层含水层冒出的泉水保持湿润，它们是水牛等动物的家园。但自 20 世纪 60 年代开始，约旦不断抽取含水层的水供应给首都安曼。现在这里的泉水大多已经干涸，90% 的芦苇丛也已消失。

从某种程度上讲，淡水是我们星球上最丰富的可再生资源。但通过排空河流、湖泊、湿地，甚至抽光地下水储备，我们对淡水的掠夺程度已经威胁到了水循环，同时也威胁到了水循环所产生的天然财富。要复苏这种天然财富，我们需要再次学习如何顺应自然，如何在不破坏这个星球上水资源的情况下满足我们的用水需求。

我们正在慢慢地明白如何实现这一切。近年来在北美洲，位于俄勒冈州到缅因州的数十个规划不周的水坝已被拆除，华盛顿州埃尔瓦河上的格兰斯峡谷大坝也被拆除了，这使得鱼类能向上游迁移。在其他一些地方，水坝的拆除使得湿地复苏，生命重新回归河流三角洲，有经济价值的渔场得以重建。

在欧洲，许多河流被单纯视作灌溉和居民用水的水源，其中一些河流遭受了严重的污染。但是，从英国的工业城市到黑海海滨，在这个地球上

90—91 页图

水獭的避风港

怀俄明州杰克逊霍尔的伊利（Ely）泉，水獭在淡水中嬉戏。北美水獭是需要未受侵扰的开阔淡水水域的动物群落的一部分。它们取食鲑鱼、螯虾、两栖动物和其他也依赖未污染淡水系统的生物。

要复苏这种天然财富，我们需要再次学习如何顺应自然，如何在不破坏这个星球上水资源的情况下满足我们的用水需求。

右页图

红鲑归来

处于产卵色的红鲑在加拿大不列颠哥伦比亚省通畅的亚当斯河中向上游游动。野生鲑鱼渔场对于这个省来说有着巨大的价值，该省承诺保持河流中有足够水量以支持健康的生态系统。

人口极为稠密的大洲的一些地方，人们已经开始把河流归还给自然。法国工程师正在将该国最长的河流卢瓦尔河恢复到原始状态。他们拆除了阻碍鲑鱼和鳗鱼洄游的“红房子大坝”。西班牙比其他欧洲国家拥有更多的水坝，该国最大的河流之一杜罗河上的水坝正在被清除。

在过去，欧洲各地倾倒了巨量的混凝土，搬运了大量的泥土，以将河流控制在河岸内，并使河流在丰水年不漫到天然河漫滩上。人们通常在河漫滩上建造房屋，或者将其变为农田。但很反常的是，所有这些防洪手段通常带来的是更大的洪水。这是因为河岸将河水集中在主河道内，使其加速流向大海。河水水位涨得更高，总会发生些什么。一旦某处河岸决堤，结果便会是发生本不该出现的更严重的洪灾。

欧洲的河流管理者逐渐意识到这点，即局部的保护会给下游带来更大的风险。许多管理者开始相信，复原河流并使它们与天然河漫滩重新建立联系，不仅仅对生态有益，同时也能减少人类遭受灾害性洪水的风险——这对自然和人类来说是双赢的。

思维的转变始于莱茵河。1995 年，阿尔卑斯山的积雪融化，同时莱茵河持续暴雨，这导致该河的流量达到了创纪录水平，河岸决堤并形成了大范围的洪水，仅在荷兰就有 25 万人被疏散。这个主要建设在排干的湿地上的国家意识到，河岸建得再高也不能在最严重的洪水中保护他们，因此该国决定将 1/6 由湿地转化来的土地重新注水，以保护剩下的土地。2002 年，德国也开始在莱茵河和易北河做同样的事情。

同时，在多瑙河这条欧洲第二长的河流上，斯洛伐克、捷克和奥地利也在恢复河漫滩和天然曲流。乌克兰拆除了多瑙河三角洲两个最大岛屿上的防洪堤，使得春季洪水可以通过，这带来了鸟类的回归和草沼的重建，牛可以在草沼里牧食。

可以做的还有很多。欧洲环境署统计出了 50 万个横跨于欧洲河流上

的人造障碍，平均每两千米就有一个。在许多欧洲河流上，几乎所有的低洼河漫滩都已消失。在英格兰，2017 年的一项研究发现，90% 的河漫滩“不再正常运作”。但是行动方向是明晰的。恢复河流能改善洪水防治——或者正像德国立法者所说，他们想要“再次给我们的河流更多空间，否则它们将会自己把空间夺回来”。

在澳大利亚，是干旱而不是洪水激起了关于让更多“自然流通”回归河流的反思。这一切始于墨累－达令河水系，这个水系流经这个国家的东部和南部，从昆士兰州和新南威尔士州到南澳大利亚州。该水系为澳大利亚大部分作物的灌溉提供了水源。但是在枯水年，农民几乎把整条河的水都抽走了，结果是只剩下延绵数百千米的干燥河漫滩。

2006 年，经过 10 年的干旱，数万棵桉树死亡。河流生态系统中的生物，比如鸬鹚、鹈鹕以及稀有的鼠袋鼯和地毯蟒，失去了大部分栖息地。

94—95 页图

夏日的大白鹭

匈牙利多瑙河－德拉瓦河国家公园的多瑙河河漫滩上，一群大白鹭在芦苇丛中取食。现在这片湿地对于该欧洲亚种来说是最重要的夏季栖息地之一。在 19 世纪，捕猎几乎使它们灭绝，但对它们的湿地栖息地的保护，使其在匈牙利的数量从 20 世纪 70 年代的 260—330 对增加到目前的 3 600—5 500 对。

只要有一半的机会，自然就会找到出路，但我们必须给自然这个机会。

河流自身断流，从而不能流入海洋，河口也被沙淤积。政府决定采取行动：基于河流流量，政府设定了农民从河流中取水的上限，在丰水年的限额多而在枯水年的限额少。这样做的目的是让河流总是保持有水的状态。

同时，政府通过建立用水权交易市场鼓励更为有效的用水。那些改种更耐旱作物或购入滴灌系统等节水技术的农民，可以把他们的用水权卖给其他农民。这项计划引起了广泛的公众咨询——有关澳大利亚想从其最大的河流系统中得到什么，一些人把这项计划视为对其他河流可行使的范例，对其他国家也有借鉴意义。

到目前为止，大约有 3/4 的水资源回归计划得以达成。尽管在生态系统完全恢复前还有很长的路要走，但是地方性鱼类种群和桉树等地方性植物都在恢复。2016 年，河流流量达到 20 多年来的最高水平，多年来干涸的河漫滩上累积的盐也被冲刷干净。被称为死水潭的河漫滩水塘再次被填满，自然迅速恢复生机。

世界上许多水资源紧张的区域的河流管理者正采用相似的方法。从英国到美国，再到中国，人们将一些处于重压之下的河流的部分流量返还给自然。比如，一些水坝有了新的规矩——它们被要求在适当的时间放水以模拟每年周期性的洪水，这种周期性洪水曾经维系着河流和湿地的生态系统。

这是一个开始，但是拯救我们河流真正需要的是严厉反思我们用水的方式——在农场，在城市，以及在我们的家里。

我们从河流或地下含水层所取的水有 2/3 用来灌溉作物，最为耗水的作物包括棉花、水稻、糖类作物和小麦。但是根据一些估算，多达一半的水被浪费掉了。这些水排入耕地后，不是渗入地下就是在未被作物吸收之前蒸发掉。渗流水通常可以再次被水泵所获取，但蒸发的水就消失在空气中了。滴灌系统在靠近作物根部处将水传输给作物，这能减少水的损失，有助于保持河流流量及地下水储备。

我们也能通过堵上城市供水系统的泄露、收集在沥青和混凝土上流动

左页图

蜉蝣的产卵竞赛

多瑙河的蜉蝣回来了。在过去的几十年里，多瑙河的严重污染使得蜉蝣绝迹。但在这里，多瑙河的主要支流之一拉包河，交配后的雌性蜉蝣在黄昏成群结队。它们将会竞相向上游飞去，以在水面产卵。随后几个小时，它们就会耗尽最后的能量，然后死去。

右页图

鹤的迁飞路线

南迁的白鹤（也称西伯利亚鹤）家庭团体正经过中国北戴河的海滨城镇。它们是这种濒危湿地物种东部种群（占总种群数的 99%）的一部分，这种鸟的数量现在已经减少到 3 500—3 800 只。从西伯利亚东北部的繁殖场到中国长江下游盆地的鄱阳湖越冬地，白鹤会沿着这条迁飞路线迁徙。俄罗斯和中国的中转点对于它们顺利度过 6 000 千米的旅程至关重要，但是许多中转点已经随着水体改道而消失。

100—101 页图

湿地聚会

内布拉斯加州的普拉特河是迁徙的沙丘鹤最后的大型栖息地之一。全球大约 80% 的沙丘鹤（约 50 万只）在此停歇，形成了自然界壮观的鸟类学奇观。农业和城市用水对河水的需求持续威胁着这片重要的湿地，但现在有一片沙洲和浸水草甸正在被恢复，用作这种迁徙水鸟专用的休息场所。

的雨水来更好地用水，柏林正在如此操作，洛杉矶也讨论过该方案。我们在家的时候，从水龙头到节水马桶的各个用水细节都能显著减少我们个人的每日水消耗。

所以，尽管坏消息是很多人在肆无忌惮地浪费水资源，但好消息是我们也可以做得无限好。

地球是水的星球。水是终极的生命赐予者，我们星球上的自然水循环通过降雨持续供应更多的清洁水。即使河流被我们抽干或污染，但当雨水再次降落到它曾经渗入的地面时，这些河流又能再次流动，河水会重新变得干净清澈。所以好消息是，如果我们学会珍视流水及其维持的生态系统，河流和湿地能比大多数其他生态系统恢复得更快。

自然有时也会迁就我们。以美国西部高平原（High Plains）普拉特河的鸟类为例，它们仍然在那里存在就是个奇迹。当欧洲探险家第一次向西穿越美洲时，普拉特河是顺畅流动的，宽度通常超过 1.6 千米，滋养着其河谷沿途的广袤草甸。但是后来，高耸在河流源头的几十座水坝吸走了 2/3 的河流流量。它曾经的绝大多数水流现在通过管道为丹佛等快速发展的城市供水，或者用来灌溉生长在野牛曾经徜徉的土地上的作物。

但即使河流衰退了，伟大的野生动物奇观也还在继续上演。每到春季，在向位于加拿大和美国阿拉斯加州的北方繁殖场进行年度迁徙的过程中，数百万只鹤、鸭、天鹅和鹅会在普拉特河流域作短暂停留。它们在此停留数周以进行取食和休养，就如它们数千年来所做的一样。

特别是对 50 万只沙丘鹤来说，没有哪个地方比普拉特河更为重要。沙丘鹤全球种群中的大约 80% 会聚集到河流的一小段，这地方位于内布拉斯加州中部，被称为“大弯道”。它们在沙洲上休息，在浸水草甸中觅食，并沉湎于求偶仪式的舞蹈中。它们抛起枝条、跃到空中以吸引配偶。

普拉特河不再是过去的模样了，但是它继续为这些鸟类扮演着至关重要的角色。如果一定要说有什么变化的话，那就是当美国西部的其他湿地消失时，普拉特河对于候鸟的重要性增加了。建立更多水坝的压力将继续威胁未来的水流，但一项恢复 4 000 公顷沙洲和浸水草甸的方案，为这片重要“加油站”的保存带来了希望。只要有一半的机会，自然就会找到出路，但我们必须给自然这个机会。

草原与沙漠

旷野的生命之舞

“在眺望世界上的大草原或大沙漠时，有谁的心跳会不加速？这不仅仅是因为草原能维持庞大的大型哺乳动物种群，比如塞伦盖蒂平原上的角马或者北美草原（prairie）上曾有的野牛。沙漠蕴含了一些这个星球上最为壮丽的景观，在纳米比亚的西北部，有着穿越沙丘的大象群，或者在荒漠上取食肉质植物（ succulent plant，也称多肉植物）的黑犀牛群。广阔的视野和猎手与猎物间的生死之舞激起了我们的原始记忆。这是人类先祖离开森林后最初开始直立行走的地方。对我们来说，在这种可以被称作人类摇篮的生境面临威胁时我们却不去应对，是难以想象的。”

——加思·欧文－史密斯（Garth Owen-Smith）

纳米比亚环境学家、作家，因其在“基于社区发展的生物多样性保护”方面的贡献而获得了包括“威廉王子非洲保护奖”在内的多项奖项

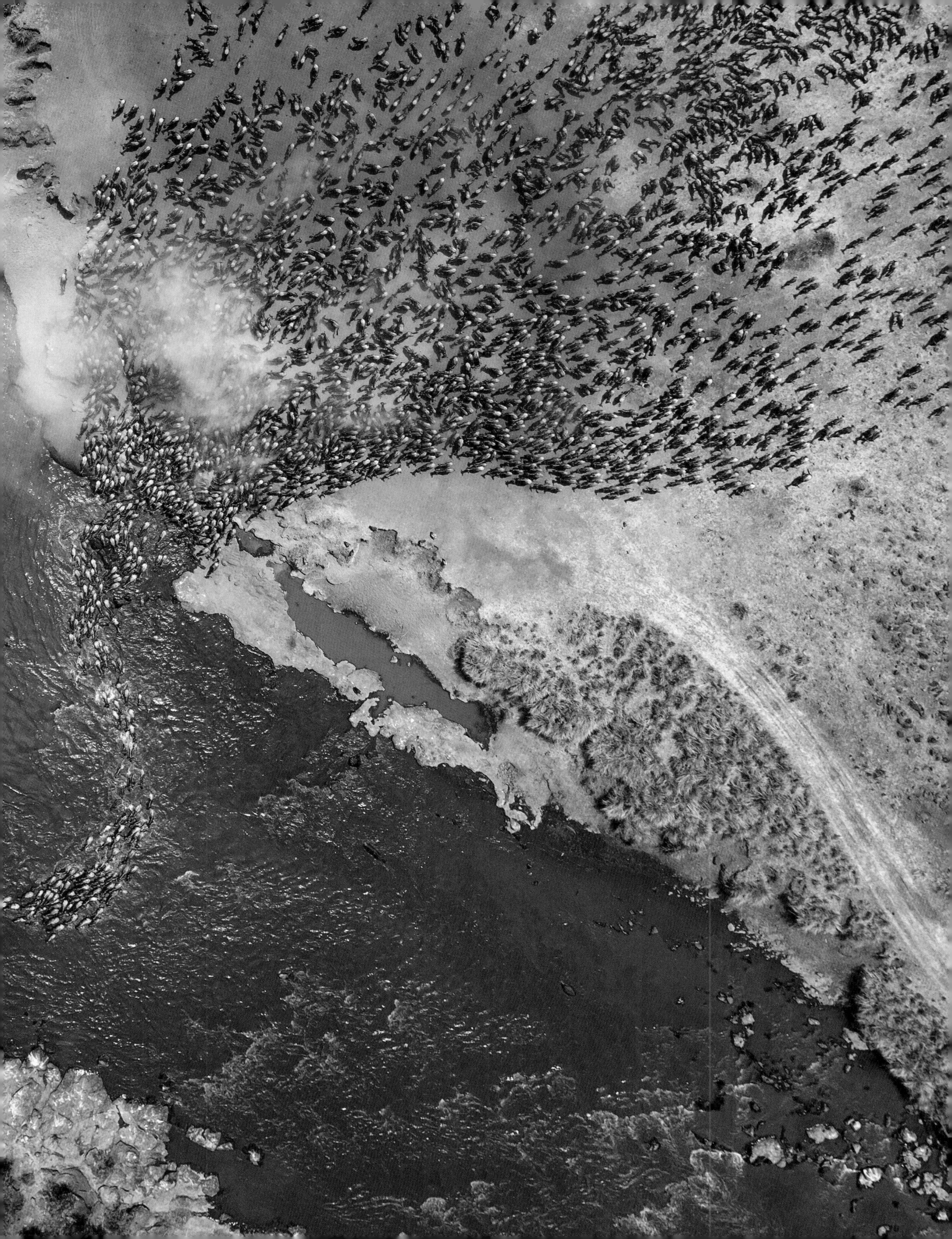

火山土壤促成的巨大草原，覆盖了相当于比利时大小的区域，这里是地球上生物最丰富的地区之一。它的名字在当地的马赛语中指的是“无际的平原”。

102 页图

休息中的狮子

肯尼亚马赛马拉，狮子三兄弟饱餐了一只角马后正在休息。

104—105 页图及右页图

大迁徙

角马在穿越塞伦盖蒂平原、进入肯尼亚马赛马拉保护区的迁徙途中，穿过马拉河。它们循着雨水找寻新鲜的牧草。

108—109 页图

壮观的场景

角马在马赛马拉牧食。狮子是永远存在的捕食者，总是与它们的草原猎物形影不离。虽然这个国家保护区及邻近保护区的狮子种群被认为在 20 年内减少了 1/3，只剩下大约 420 只，但它仍然代表着非洲最高的狮群密度。不过，狮子的捕食对角马的数量几乎没有影响。

绿草之上满是黑压压的动物。庞大而密集的角马群就像是上百万只牛犊大小的蚂蚁，一直延伸到地平线。它们雷鸣般的蹄声响彻天空。

角马每年穿越东非塞伦盖蒂平原的迁徙是地球上最壮观的野生动物景观——这提醒着人们，世界仍和过去一样。没有哪个地方的开阔旷野中有着如此多的大型动物——光是角马就有 130 万只。每年春季它们集体穿越平原，向北前往有林木的山地以寻找新鲜的牧草。与角马同行的还有 25 万只斑马和瞪羚，它们共同形成了这个世界上仿佛一成不变的动物大迁徙。

在迁徙途中，这些食草动物被数以千计的狮子、花豹、猎豹和鬣狗一路尾随。而巨大的尼罗鳄则在它们涉水通过马拉河时等待进攻的时机，这是前往金合欢林地的必经之路，在那里旱季也存在植被。这场猎手与猎物间跨越 500 千米的竞赛同样是无与伦比的。

塞伦盖蒂平原横跨坦桑尼亚和肯尼亚的边界，处在非常靠近赤道的地方，它总是那么特殊。火山土壤促成的巨大草原，覆盖了相当于比利时大小的区域，这里是地球上生物最丰富的地区之一。它的名字在当地的马赛语中指的是“无际的平原”——虽然实际上它的四周被湖泊、陡峭的山丘和农田所环绕。

塞伦盖蒂平原是一个生态熔炉，似乎在时间和空间上都与这个星球的其他地方分隔开来。美国前总统西奥多·罗斯福（Theodore Roosevelt）曾经把这里当作猎场，在 1909 年，他称其为“更新世的风景”（Pleistocene landscape），“这是我们人类久远过去的一枚重要残片，到处是可捕猎的野兽，数量无尽，种类繁多”。

半个世纪之后，德国自然资源保护论者伯恩哈德·格日梅克（Bernhard Grzimek）也称其为“原始的荒野”。他首次绘制了大迁徙的路线，其创作的图书和纪录片《塞伦盖蒂不应消亡》（*Serengeti Shall Not Die*）成为保护自然的宣言。

事实上，塞伦盖蒂不完全是原始的。数个世纪以来，马赛部落都在这

上图

奔逃的水羚

迁徙穿越南苏丹的白耳水羚。此照片拍摄于 2007 年，是航空勘察下的一幕。这次勘察显示至少有 80 万只水羚在持续近 22 年的第二次苏丹内战中幸存下来，它们壮观的年度迁徙仍在继续。

里养牛，野生动物和家养动物在此共存，这是在其他大陆上所没有的情况。然而最近家养动物带来了牛瘟和犬瘟热的暴发，无节制的游猎和偷猎也造成了野生动物的大量死亡。

但是塞伦盖蒂的广阔空间使得动物即使在不利条件下也能繁盛起来。生态系统展示了其恢复能力，它在今天仍然像过去数百万年一样运行。角马取食短的牧草，许多羚羊则啃食更长的草皮；瞪羚喜欢灌木的叶片，而长颈鹿吃的是分布稀疏的树木上最高处的树叶。

这片平原上生活了约 450 种鸟类，包括织布鸟和牡丹鹦鹉（又称爱情鸟），鹭和秃鹫，鸨和蛇鹫，这里是地球上鸟类物种最丰富的区域之一。而在草丛中爬行着地球上极为致命的 3 种蛇类：黑曼巴蛇、绿曼巴蛇和鼓腹巨蝰。

对 21 世纪的自然保护工作来说，保护塞伦盖蒂及其大迁徙应该被放在最优先的位置，但世界各地的草原上还有许多其他哺乳动物也值得我们

每当雨季临近，至少 80 万只水羚会离开尼罗河的苏德沼泽，前往位于博马国家公园里和位于埃塞俄比亚甘贝拉国家公园附近的牧场。苏德沼泽是世界上最大的湿地之一，面积是塞伦盖蒂的 20 倍。

敬畏和保护。另一个更鲜为人知的大迁徙，是白耳水羚穿越南苏丹这个目前世界上最年轻的国家的旅程。每当雨季临近，至少 80 万只水羚会离开尼罗河的苏德沼泽，前往位于博马国家公园里和位于埃塞俄比亚甘贝拉国家公园附近的牧场。苏德沼泽是世界上最大的湿地之一，面积是塞伦盖蒂的 20 倍。迁徙中的水羚群可绵延数十千米，它们仅与零星的牛群共享着这片仍未设围栏的土地。

在 20 世纪后期持续 20 余年的第二次苏丹内战期间，生态学家无法了解这个古老的迁徙。许多人推测这种动物已经成了冲突的牺牲品。但事实上，水羚和同它们一起迁徙的动物，如狷羚和大角驴羚，疣猪和蒙加拉瞪羚，小苇羚和鸵鸟，似乎大都未受战争的影响。现在应当关注的是，和平催生的经济发展反而会影响它们的未来。

草原是这个星球上大多数陆地大迁徙的发生地。发生在非洲的迁徙很多，但并不是全部。在北美洲的冻土苔原，巨大的北美驯鹿群往返于加拿大冰封森林中的觅食地和夏季的繁殖场。其中最大的是波丘派恩驯鹿群（Porcupine Herd），这个名字来自它们迁徙途中必须跨越的波丘派恩河，某些年头这个鹿群可以达到 20 万只。它们长达 1 500 千米的往返旅程，是陆地动物迁徙距离中最长的。北美驯鹿必须在捕猎者的尾随捕杀下生存下来，捕猎者不仅有北美灰熊、金雕、狼群等野生动物，还有众多人类猎人，比如生活在它们迁徙路线上的山地村落中的 7 000 名哥威迅人。

北美驯鹿适应了它们的捕猎者，但是迁徙的成功仍受到两个威胁。

第一个威胁是气候变化。变化的气候导致它们的越冬地有更强烈的降雪，厚雪减缓了迁移速度，而冰雪消融又使它们在旅途中要跨越的河流水流暴涨；同时，更加温暖的夏季意味着它们繁殖场的草发芽更早，通常北美驯鹿到达的时候就已过了最佳时期。

112—113 页图

避暑的北美驯鹿

来自波丘派恩驯鹿群的北美驯鹿正在休息，它们正从阿拉斯加州的北极国家野生动物保护区迁出。积雪使得它们可以短暂地躲避叮咬它们的蚊群。北美驯鹿在产崽后的 1 个月内，也就是 6 月初开始迁徙，它们将以巨大的种群南移，从它们的海滨牧场迁徙到它们在阿拉斯加州或育空（Yukon，位于加拿大西北部）的越冬地。

我们星球上超过 1/5 的陆地被草覆盖。草原是这个星球上由大型野兽和捕食者统治的开阔空间。

第二个威胁是人类的侵占。现在的牧场上出现了油井。直到最近，北美驯鹿在阿拉斯加州北极国家野生动物保护区都拥有着它们自己的保护区域。但在 2017 年末，联邦政府为油气钻探开放了保护区——这对北美驯鹿可能是灾难性的。

左页图

长征

波丘派恩驯鹿群的成员携带着幼崽，从加拿大伊瓦维克国家公园的夏季牧场迁徙而来。巨大鹿群中的不同群体在不同时间进行迁徙，沿着由来已久的路线行进数百千米，最终到达它们的越冬地。

我们星球上超过 1/5 的陆地被草覆盖。草原是这个星球上由大型野兽和捕食者统治的开阔空间。它们有不同的特征和不同的名字：干草原（steppe）和稀树草原（savannah），北美草原和潘帕斯群落（pampas，也称阿根廷草原），巴西热带稀树草原（cerrado），南非费尔德群落（veld，南非内陆平坦开阔地上分布的草原），丛草草原（tussock grassland），等等。这些草原分布广泛，从北极苔原到热带，从山谷到海滨平原，从浓密雨林的阴影下到沙漠的干旱边缘。许多草原包含了片状的林地或沼泽化的河漫滩。它们的草可能是短草皮，供食草动物啃食；也可能是高高的象草，能藏匿最大的捕食者。

草原也是人类离开森林后首先发展繁荣的地方，我们在此习得如何猎捕平原上的野兽，并发现了草类籽粒的营养价值。

随着技能的提升，我们开始驯养更美味、更温顺的动物，开始培育、种植谷物并将其转变为现代作物，比如小麦和大麦。随着人口增加，我们开始圈起我们的家畜和作物，将它们与野生环境隔离开。草原是使地球第一次变成“我们的星球”的地方。

今天这个星球上最大的草原区域是欧亚大陆干草原。它从欧洲的罗马尼亚开始，经过乌克兰和俄罗斯，几乎无间断地延伸到中亚的哈萨克斯坦，最远可达蒙古国和中国，在此与戈壁沙漠（位于蒙古国和中国之间，也称大戈壁）接壤。它长期以来是高鼻羚羊（Saiga antelope）、普氏野马（Przewalski's horse）、蒙古瞪羚（Mongolian gazelle）和双峰野骆驼（Bactrian camel）等巨大兽群的家园。马最初在此被驯化，这使得游牧民族的庞大帝国得以扩张。大约 800 年前，成吉思汗的骑兵大军统治了这片干草原的大

巴西热带稀树草原可能是这个星球上生物多样性最高的草原，拥有超过 4 000 种特有的植物物种。50 多年前，巴西热带稀树草原还是尚未被开发的边远土地……现今产出了巴西 70% 的作物。

多数区域，他的后代建立了迄今已知的世界上最大的连续陆地帝国。

草原总是与空间和运动有关。和森林不同，草原生态系统被动物主宰。但是草是季节性的，因为雨水是季节性的。动物需要空间来随着降雨迁移。尽管无边的草地似乎是一成不变的，但它也是动态的生态系统，而扰动常常会带来益处。火必不可少，它能再生养分，烧掉死去的生物，防止森林的侵害。每年，全球都有半个美国国土面积的草原会被烧掉。

牧食行为也十分重要。动物牙齿的咬食和蹄子的踩踏刺激着草的生长，并抑制了木本植物的生长。不论是非洲的角马和斑马，欧亚大陆的羚羊和野马，还是北美洲的鹿和野牛，这些食草动物数百万年来一直维护着草原。

人类长期以来也是活跃的经营者。美洲土著猎人早在欧洲人到来前就用火改造了野牛牧食的大平原，澳大利亚内陆的土著居民也是如此。但草原的承受力存在极限：过多的烧荒和放牧会毁坏草地，减少生物多样性，侵蚀土壤。在 19 世纪晚期和 20 世纪早期，来自欧洲的绵羊和牛的牧食与踩踏带来的压力，将欧洲以外的牧场中巨大面积的天然草场破坏殆尽。

在澳大利亚，当地野生的食草动物比如袋鼠和袋熊，长着带肉垫的脚，在走过草地时脚步很轻。但当移民在澳大利亚内陆放牧 1 亿只绵羊时，这些有蹄动物将许多地区变成了沙漠，直到移民从欧洲引进抗踩踏能力更强的草种时沙漠化才停止。内陆的生态得以存续，但已被改变得面目全非。

20 世纪，犁耙伸向了世界上的许多草原。苏联工程师将中亚大片的草地变成了连绵的棉花田，为其灌溉的水渠几乎抽干了咸海。

巴西将它巨大的热带稀树草原变成了大豆田和玉米地，这是不亚于亚马孙森林破坏的生态悲剧。巴西热带稀树草原可能是这个星球上生物多样性最高的草原，拥有超过 4 000 种特有的植物物种。

50 多年前，巴西热带稀树草原还是尚未被开发的边远土地，在这里牧食的牛群与美洲豹、犰狳、大食蚁兽、斯比克斯金刚鹦鹉、貘，以及土著

居民一同分享着高草（high grass）。

1961 年，巴西在其腹地建立了新的首都巴西利亚，从那时开始，3/4 的热带稀树草原变成了耕地。

这些巴西热带稀树草原现今产出了巴西 70% 的作物，这使得该国成为世界上最重要的大豆、牛肉、棉花、咖啡、鸡肉、糖、乙醇、烟草和橙汁的出口国之一。现在仍然可以看到少量不会飞的土著美洲鸵鸟在大豆田中奔跑——它们偏爱大豆，但大多数野生动植物种群正在大幅度萎缩，没人知道有多少特有的植物物种已经消失。

在别处，猎人也造成了巨大的影响。曾经干草原上最常见的大型哺乳动物——高鼻羚羊，数量一度达到数百万只。但是在 20 世纪 90 年代，苏联的解体导致干草原上许多地方陷入混乱，大多数羚羊群被无情抹去。猎人们骑着摩托车，带着自动武器，在这种动物的核心活动区——哈萨克斯坦肆虐，以获取高鼻羚羊的角。幸存的羚羊逐渐被道路、铁路和国界处的

上图

“盛开的”巴西热带稀树草原

巴西维德洛斯高地（Chapada dos Veadeiros）上受保护的热带稀树草原，一种食虫谷精草属（*Paepalanthus*）植物正在开花。这里可能是世界上生物最丰富的草原，超过 35% 的植物为此处特有。

118—119 页图

巴西热带稀树草原上的巨兽

巴西卡纳斯特拉山（Serra da Canastra）国家公园，一只大食蚁兽正在热带稀树草原上循着气味寻找白蚁或蚂蚁的巢穴。这个巨大的公园保护了巴西热带稀树草原最为重要的南部剩余部分。

> 总之，复苏大草原上的动物需要空间……在世界上许多地方，我们急需退耕还草，恢复自然状态，使草原“再野化”。

围栏包围起来。2015 年，一场肺部感染侵袭了其中一个羚羊群，疾病迅速扩散，这种动物再次陷入危机。

坏的方面已经说得足够多了，但希望尚存。也许使世界上的草原重获新生并唤回它们的大型动物群的时刻已最终到来。以普氏野马（与极早期的家马有亲缘关系，是现有家马的野生祖先最近的近亲）为例，这种动物是根据 19 世纪俄罗斯探险家的名字命名的，他在当时蒙古地区的山地中发现了这种动物，并认为它们是最后的野生马种。到 20 世纪 60 年代晚期，捕猎已使其在野外绝迹，仅有十来匹生活在动物园中。之后一项人工繁育计划启动，在 1992 年，普氏野马第一批人工繁育的后代被重新引入蒙古国。它们现在的数量已达到大约 2 000 匹，被重新引入世界各地，包括发生事故的乌克兰切尔诺贝利核反应堆附近空旷隔离区的一小群。据报道，这个区域有轻微的放射性，但是在一个无人的空间中，它们似乎活得更好。

总之，复苏大草原上的动物需要空间。那么古代草原还剩下什么？世界总体上损失了 1/3 的开阔草原，它们变成了农业用地或人类定居点，这个面积几乎相当于整个澳大利亚。只有 7.6% 的草原受到了正规保护。不过，虽然大多数温带草原已经被农业侵占，但在冰原和热带，超过 2/3 的草原还存在着，它们中的多数尚无围栏阻隔，覆盖着原生的草地。

境内草原面积所占比例最高的一些国家全部在非洲。贝宁、中非、博茨瓦纳、多哥、索马里，以及坦桑尼亚和肯尼亚，都位于这个名单前列，其中后两个国家是草原“王冠”塞伦盖蒂的家园，这些国家必须受到保护。但是在世界上许多地方，我们急需退耕还草，恢复自然状态，使草原“再野化”。这正开始发生。一些以前的草原正被人工复苏，用于旅游、环境保护或者饲养外来的家畜。

从葡萄牙到黑海海滨的多瑙河三角洲，从意大利的高山草原到萨米人居住的拉普兰驯鹿牧场，欧洲西部和中部的草原再野化正在进行。但到目前为止，最大规模的草原再野化计划来自北美洲。

左页图

欧亚大陆干草原的幸存者

哈萨克斯坦干草原上的一只雄性高鼻羚羊。它的长鼻子是对严寒和多尘平原的一种适应。欧亚大陆曾生活着数百万只高鼻羚羊，但是随着苏联的解体，它们被宰杀取肉，雄性的角也因能用于制药而广受欢迎。随着法律和秩序的回归，它们的数量开始反弹。之后在 2015 年，异常高温和高湿度引起的细菌性肺部感染的暴发，导致 20 万只高鼻羚羊死亡，这超过了其种群数量的一半。但是这个物种能快速繁殖，因此只要有足够的保护使其不被偷猎，同时关键牧食区和传统迁徙路线得以保存，这片草原上高鼻羚羊的种群也许能得以恢复。

122—123 页图

回归栖息地

从濒临灭绝到繁育回归，北美野牛正在它们曾经的栖息地——北美长草（long-grass）草原上牧食。在 19 世纪，它们的数量曾从数千万头锐减到仅 350 头，而现在，随着人们重建“北美的塞伦盖蒂”，草原面积正逐渐恢复，它们的数量也在逐渐增加。

在过去半个世纪，这个星球上半数的野生动物已经消失。但如果我们能为野牛腾出空间，那么可以确定的是我们也能为其他大型动物群的回归找到空间。

右页图

公野牛

明尼苏达州蓝丘（Blue Mounds）草原高草中的雄性野牛。与大多数美国牛群不同的是，这里的牛群没有家牛的基因，不久后将能繁殖纯种野牛，以恢复北美洲其他大草原保护区的野牛种群。这是至关重要的，因为野牛与家牛杂交的后代体型较小，在草原冬季严酷的环境里生存能力较弱。

126—127 页图

移动中的叉角羚

叉角羚尝试跨过围栏，它们正从怀俄明州的大提顿国家公园向南迁徙以越冬。这个围栏底部的铁丝是无刺的，对叉角羚无害，它们可以从下面钻过去（它们不擅长跳跃）。叉角羚喜欢在开阔的空间活动，依靠它们无与伦比的速度逃脱各种捕食者。但是在迁徙时，这个种群会遇到大约 70 处围栏，多数情况下它们都能从围栏底下钻过。大多数平原动物都需要迁徙空间，以便寻找新鲜的营养丰富的牧草。

欧洲人第一次看到的北美大平原还是一片荒野，没有篱笆栅栏，大约 6 000 万头野牛在延绵数百千米的草原上牧食高草。与它们分享这个广袤空间的是美洲狮、狼、北美灰熊、驼鹿和 5 亿只成群的草原犬鼠，这些鼠群规模庞大，称其为老鼠城镇也不为过。曾经也许有 1 000 万美洲印第安人在平原的自然边界附近生活。

但是骑在旧大陆马背上的欧洲人毁掉了这一切。美洲印第安人被征服，并且在 19 世纪的最后几十年，野牛遭受了屠杀，这是人类对大型哺乳动物最大规模的屠杀之一。欧洲人杀死它们是为了剥夺美洲印第安人的食物来源，为了给畜牧和耕地腾出空间，为了获取兽皮，有时甚至单纯是为了杀戮的快感。到 19 世纪即将结束时，野牛的数量只剩下大约 350 头，但现在这里的核心兽群一直在增长。

目前北美大平原上已有接近 50 万头野牛，虽然它们大多数不是纯种。在蒙大拿州北部靠近加拿大边界的地方，富有的慈善家出资购买了超过 37 200 公顷已被弃用的老养牛场，并租下了超过上述面积 3 倍的公共土地，建立了美国大草原自然保护区。这个项目的目标是将保护区扩大到 120 万公顷。

除了野牛，慈善家们还在赞助让其他动物回归的活动，这些动物包括北美洲奔跑得最快的陆生哺乳动物——叉角羚，以及大角羊、草原犬鼠、美洲狮和北美洲最为濒危的哺乳动物之一——黑足鼬，同时还有鹰和金雕在内的草原鸟类。项目的最终目标是建立一个“北美的塞伦盖蒂”，而野牛对此十分关键——它们的牧食、踩踏，甚至在草地上打滚的习性都有助于草种的回归，能够促进昆虫生活并控制野火。

那么它们的回归是否预示着世界上的大草原已经开始复苏？它们会是其他地方野生动物回归的先锋吗？在过去半个世纪，这个星球上半数的野生动物已经消失。但如果我们能为野牛腾出空间，那么可以确定的是我们也能为其他大型动物群的回归找到空间。

> 大多数沙漠完全不是荒凉而没有生命的废土，而是有着独特的生态系统，生活着在别处找不到的具有特殊适应性的动植物。

非洲西南部的纳米布沙漠是世界上最古老的沙漠。这片广袤的干旱之地已经存在了超过5 000万年，这使得6 000年前还郁郁葱葱的撒哈拉沙漠看起来资历尚浅。纳米布也是一个气候极端的世界，其温度可达60摄氏度，沙丘可超过300米高。它有着与其环境相称的野生动植物。这里的约3 500种植物中，有一半为此处特有。其中有一类灌木——百岁兰，它们仅有两片叶子，却能存活上千年，它们在偶尔的降雨后便能爆发式生长。

纳米布的动物则包括各种动物的沙漠版本，从蝰蛇到斑马，从鸨到可以在干沙中游泳的盲鼹鼠。一种大型的沙漠羚羊——南非剑羚，能在体温达45摄氏度时生存，这是由于它们行为上和生理上的适应性改变，包括能够对流入大脑的血液进行降温的毛细血管网。

一个独特的沙漠象种群能在数天不饮水的情况下保持活力，它们有着适于在沙中行走的大脚，从而可以跨越漫长的距离去寻找肉质植物。它们也很聪明，以比平均家庭单元规模小的族群生活，母亲们会将地方性知识传递给它们的女儿，告知其如何寻找干涸的河床下隐藏的水以及远方可食用植物的位置。这样的文化知识传承使这个种群可以在这片沙漠中生存。

纳米布也生活着种类丰富的甲虫。在这片沙漠存在的千百万年间，许多甲虫进化出了从来自大西洋的雾气中吸取水分的能力。当空气中有湿气时，它们爬到沙丘顶部并倒立，这样水就会沿着它们的身体流向口中。一些甲虫的身体上演化出了呈几何图案状的凸起区域，从而最大化地从雾气中凝结水分。通过仿效这种模式，科学家正在开发人类可用的集水材料。

那我们是否应该拯救沙漠？多数时候我们关心的是如何防止沙漠扩大。干旱地区的管理失当与气候变化一同催生了对沙漠化的关注，这种沙漠化发生在从墨西哥到蒙古国以及从非洲萨赫勒到印度塔尔沙漠的广大地区。据联合国估计，世界上1/5的干旱地区有着植被丢失和土壤退化的风险，总土地面积与美国相仿。

但当我们想要防止沙漠扩大时，我们应当尊重和维护那些我们已有的

左页图

沙漠生存者

纳米比亚的纳米布沙漠，南非剑羚正在穿越沙丘。它们适应沙漠生活，能够储存水分并保持身体足够凉爽以在沙漠的酷热中生存。它们在相对凉爽的清晨和晚间最为活跃，但如果非常热的话，它们就只在夜里活动。南非剑羚会寻找能够保存水分的植物，比如剑羚黄瓜（gemsbok cucumber），挖出其球茎和块茎，并且它们还能消化有一定毒性的肉质植物。

当这些古老的水源涌上地表，就会形成自然的绿洲，绿洲维持着丰富的沙漠生态系统……现代的水泵把这些水抽到地表灌溉沙漠农场。绿洲正在干涸。

沙漠。大多数沙漠完全不是荒凉而没有生命的废土，而是有着独特的生态系统，生活着在别处找不到的具有特殊适应性的动植物。植物演化出能储存水分的球茎和独特的根系，小型动物则通过待在地下或仅在夜间活动来躲避酷热。

智利北部的阿塔卡马沙漠有一些区域数十年没有降雨，但当雨来临时，种子会在几小时内爆发式生长。2017 年的大雨后，世界各地的植物学家赶往阿塔卡马沙漠，他们观察到了超过 200 种不同的植物开花，色彩如万花筒一般。

沙漠也为外来物种提供了安全的避难所。黑喉鸬鹚，一种阿拉伯半岛特有的受威胁的物种，在波斯湾和阿拉伯海类似沙漠的岛屿上以庞大的群体筑巢。它们每天都要飞出去捕鱼来喂养自己的幼鸟，而这种努力是值得的。不能在这种环境下生存的捕食者无法接触到它们，它们的幼鸟很安全。

沙漠还有着惊人的全球性功能。贫瘠的土壤从地面上被卷走的情景，使沙漠沙尘暴看起来像是自然正在崩溃，但这些风暴其实也带来了生命。它们是滋养遥远的雨林的矿物来源。每年有几亿吨来自撒哈拉的富含磷的沙尘被吹过大西洋，其中许多都落在了亚马孙盆地，此处的森林缺乏这种对于植物至关重要的营养物。世界上最大的雨林能否在缺乏撒哈拉沙尘的情况下生存？也许不能。

沙漠沙尘也搬运铁，这对于海洋偏远区域的浮游生物生长至关重要。据估计，大西洋 3/4 的铁来自撒哈拉。如果没有陆地上的沙漠沙尘暴，海洋的某些区域会变成荒漠，所以沙漠是很重要的。但是，就像其他生态系统一样，沙漠也容易受到轻率的人类活动的威胁。在海湾国家，比如科威特，城市基础设施遍布沙漠地貌，破坏了沙丘系统；在美国，越野车也干着同样的事；在别的一些地方，人们在露天矿开采沙漠下面的铁、磷、铀和钻石，并在周边倾倒垃圾，毫不为环境考虑。同时，各地的沙漠都面临农民迁入的威胁。

一些沙漠，尤其是撒哈拉沙漠和阿拉伯沙漠，在沙地下有着巨量的古老水源储备。当这些古老的水源涌上地表，就会形成自然的绿洲，绿洲维持着丰富的沙漠生态系统。但在沙特阿拉伯、利比亚、约旦和其他地方，现代的水泵把这些水抽到地表灌溉沙漠农场。绿洲正在干涸。

在沙漠边缘的农民通常是最具破坏性的，此处生存艰难，农业手段存在破坏脆弱的自然生态系统的风险。在我们拥挤的世界上，通过放弃土地去保护环境并非常常可行。但在这样的地方，我们通常能做得更好一些——

上图

阿拉伯的希望

一张难得的相机陷阱照片——阿曼南部佐法尔（Dhofar）的沙漠地区，一只阿拉伯豹在领地巡逻。阿拉伯豹比非洲豹颜色更浅、体型更小，这种适宜沙漠生活的亚种在大多数阿拉伯国家已经灭绝，其最大的种群仅有60只左右，幸存于佐法尔。

据估计，大西洋3/4的铁来自撒哈拉。如果没有陆地上的沙漠沙尘暴，海洋的某些区域会变成荒漠。

右页图

沙漠肥料

卫星照片显示，携带着来自撒哈拉的沙子的巨大沙尘暴侵袭非洲西海岸。撒哈拉沙漠是地球上最大的沙漠，覆盖面积超过非洲的1/4，它的沙子常被吹到大西洋彼岸。这些沙滋养了亚马孙雨林，如果没有这些沙，加勒比海的许多岛屿将变成不毛之地。

与自然达成和解，限制进一步的破坏，允许生态恢复。

数十年前，许多位于撒哈拉边缘隶属于尼日尔的地区被认为已被沙漠入侵。作物减产，农民遗弃了土地。但自那时起，当地农民开始对政府专家长期以来铲除田野中树木的建议不予理会，并开始养护这些树木，地貌因此发生了转变。

这一切纯属偶然，在20世纪80年代中期的某段时间，改变首先发生于尼日尔南部马拉迪地区的丹萨加村（Dan Saga）。在国外打工的年轻人直到播种季晚期才回到家，他们慌忙种下小米，而并没有先把土地上的木本植物清除掉。出人意料的是，他们的作物比周围经过清理的田里的长得要好，并且在接下来的一年依然如此。于是从那时起，村民开始培育从他们土地的残桩上新生的茎干。长出的树木减少了土壤侵蚀，落叶增加了土壤的肥力并保持了土壤的湿度。不久后，树木还提供了柴火、动物草料和其他产品，同时也能为作物和村庄挡风遮阳。

消息传开之后，数百个村庄很快采取了同样的方法，大约2亿棵新生树木在曾经的荒地上发芽，这使得小米和高粱的收成增加，固定了碳，并阻止了沙漠化。或许更重要的是，这个现象打破了曾经的绝望情绪。我们可以做得更好。沙漠的入侵不再被认为是无法避免的了。

尼日尔的农民不是唯一战胜逆境的群体。在20世纪中叶，肯尼亚中部的马查科斯地区被认为在生态上无可救药，濒临沙漠化。英国殖民统治者称其为环境退化的“令人惊骇的例子”，这里“迅速转变为布满巨石、碎石和沙子的干热沙漠”。

但是从此之后，当地的阿坎巴人通过种植树木、减少山坡梯田以及收集雨水并将其储存于农用池塘的方法保护了土壤。当地的人口增加了5倍，农业产量增加了10倍。之后，这里的土地不但没有变成沙漠，反而比之前更绿了。英国地理学家迈克尔·莫蒂莫尔（Michael Mortimore）说，阿坎巴人打破了人口统计学规律并做到了这一切。

帕拉莫群落——水力之源

从哥伦比亚安第斯山脉被刷成白色的殖民时代风格的小镇卡科塔出发，沿着陡峭的小径向上爬，你会来到一个没有树的世界，这里满是旋风和雾气。这是一片草原，点缀着奇怪的类似仙人掌的植物。但这些植物沉浸在湿气中，它们的根处在土体孔隙被水所充满的“饱和土”中。欢迎来到帕拉莫群落！

帕拉莫群落地处南美洲安第斯山脉的高处，在树木生长线之上和冰川之下的位置，覆盖了至少 700 万公顷的山坡面积，跨越哥伦比亚、厄瓜多尔、秘鲁、委内瑞拉、玻利维亚、哥斯达黎加和巴拿马。它们是地球上唯一的潮湿的热带高山苔原。它们也是水力之源——这里的土壤比任何水库储存的水都要多。这些水缓慢渗透到湖泊、泥炭沼泽、山泉、含水层，并最终汇集到河流中，这些河流为哥伦比亚提供了 90% 的水和 60% 的水电。

但这片像吸饱了水的海绵一样的土地正受到挤压。据哥伦比亚政府称，受到气候变化和人类入侵的综合影响，75% 的帕拉莫群落将在 21 世纪消失。现在，降雨已经变得更加季节性，而蒸发速率却在上升。帕拉莫群落正在干涸。

同时，农民正迁往山坡更高处，种植土豆等作物并饲养奶牛。土壤正遭受侵蚀，它们的蓄水能力随之受到损伤。但近在咫尺的威胁还来自矿工。

在帕拉莫群落之下贮藏着许多金矿和银矿。在哥伦比亚政府与哥伦比亚革命武装力量（FARC）漫长的内战中，采矿公司不能入内。现在和平到来，此处可以创造巨大的利润。据报道，这里的拉科洛萨金矿可能是世界上储量第七大的未开发金矿，已经有公司取得了该金矿的采矿权，但它占了这种特殊草原 6 万公顷的面积。哥伦比亚政府宣称支持帕拉莫群落的保护，但也允许开发矿产资源——此事很难两全。

> 迄今为止，大多数因人类活动而消失的自然生态系统，包括大多数草原，都是由于农业。保护剩下的并重建昔日的草原栖息地需要我们逆转对土地的掠夺，即将耕地还给自然。

已经有更多人不是去破坏环境，而是更加努力地劳动以改善现有土地。如果世界想要既满足粮食需求也为自然的发展提供更多空间，这场自发的绿色革命正是非洲所急需的。

迄今为止，大多数因人类活动而消失的自然生态系统，包括大多数草原，都是由于农业。保护剩下的并重建昔日的草原栖息地需要我们逆转对土地的掠夺，也就是将耕地还给自然。好消息是，最近几十年来，世界在更有效地生产食物方面有了长足进步。

拜高产作物的绿色革命所赐，和半个世纪前相比，养活每个人所需的土地少了一半以上。因此，过去 20 多年增加的农业产出与增加的人口数量保持了同步，而过去 20 多年的耕地面积几乎没变。在世界一些地方，我们也许达到了“农地峰值”（在给定区域，种植能满足人类需求的作物所需的最大耕地面积）。

还有个好消息，人口数量的增长也许正接近尾声。平均家庭规模在变小——从一代以前的 5 口或 6 口人到今天的 2 口或 3 口人。即便我们的寿命正在变得更长，人口统计学家也认为全球人口在 21 世纪结束前似乎能达到峰值。那我们是否可以期待向自然掠夺土地的时代将被终结？并没有那么快。坏消息是，我们仍在继续从自然中夺走肥沃且有着重要生态价值的土地，特别是优质草原和热带地区的森林，我们同时却将极其贫瘠的土地归还给自然，这些土地通常被盐毒化或遭受严重侵蚀，变得对我们几乎毫无用处。

如果在原始统计数据背后，我们归还给自然的是加利福尼亚州已被毒化的土地或撒哈拉边缘被侵蚀的土壤，同时继续毁坏亚马孙和加里曼丹岛的热带雨林，犁开非洲的草原，那么“农地峰值”将毫无意义。虽然人口数量的增速可能变慢了，但越来越浪费粮食作物的行为会使我们无法从生态效益中获益。

左页图

哥伦比亚的帕拉莫群落，这里生活着丛草和方丈菊（frailejóns），后者是一种“像棕榈”的适应潮湿苔原的紫菀。

136—137 页图

平行的需求

2016 年，大象与家牛在肯尼亚安博塞利国家公园中漫步，寻找牧场和水源。只有当饮水坑干涸且钻井不工作时，马赛牧民才被允许将他们的牛赶进公园喝水。

西部旷野——沙漠化的故事

美国西南部的定居者改变了许多。他们通常携带简陋的装备进入草原跟随牧食的动物。与美国其他大多数地方不同，在欧洲人带着家牛到来之前，这儿的食草动物很少。这些家牛给西部旷野带来了生态灾难。

在东面和北面的大平原，野牛长期以来成大群游荡。野牛群定期的牧食行为促生了生命力顽强的草，它们还为土壤提供了粪肥。但在西南部，草对于突然入侵的数百万头家畜几乎没有抵抗能力。牛牙剥下了草，牛蹄子踏穿了能保护土壤不受风影响的硬壳。

土地投机商进驻之后，我们今天所称的“沙漠化”发生得很快。1884 年，总部设在波士顿的“阿兹特克土地与牛业公司”购买了超过 40 万公顷的亚利桑那州牧场，这些牧场位于通往旧金山的铁路旁。铁路从得克萨斯州运入长角牛和数百名牛仔。牛仔们后来变得臭名昭著。霍尔布鲁克这个 250 人的小镇是该公司在亚利桑那州的总部，而牛仔仅在 1886 年就在该镇的街上枪杀了 26 人。在当时的美国西部旷野，人命很廉价，土地也是这样，被挥霍浪费。

1894 年，自然主义者约翰 · 缪尔将大型家畜群称为“带蹄的蝗虫”，称它们“带来荒芜”。干旱土壤表面的自然硬壳在家畜的蹄下不堪一击。犹他州莫阿布美国地质调查局的土壤生态学家杰恩·贝尔纳普说，“这些硬壳可以抵御速度为 160 千米每小时的强风，但牛却将其破坏了”。

到阿兹特克土地与牛业公司在 1901 年卖掉牧场时，牛的尸体散布在被耗竭的土地各处，仅在 10 多年的时间里草就被吃光了，暴露的土壤被风轻易吹走。一个多世纪过去了，此地得到的恢复仍然少得可怜。沙尘云飘往北面，有时会散落在科罗拉多州的滑雪坡道上。

从全球范围来说，我们已经生产了足够100亿人吃的粮食，但这些收获的粮食只有不到一半是直接被我们吃掉的，许多粮食都被浪费掉了——在仓库中腐烂或被不懂节约的消费者丢弃。还有一些被转变成生物燃料，以及更多的是被用来喂养家畜，以满足我们对肉和乳制品日益增长的需求。

现在全球牛、猪、绵羊和山羊的总数约为43亿头，而且还在上升——平均每两人就有一头以上的家畜，这还没有包括全世界的200亿只鸡。

由于牧场土地不足，我们转而对家畜进行圈养。它们并不在草原上牧食，而是吃大豆、谷物和其他作物以及鱼粉。我们种植粮食作物喂养这些

左页图

现代的科罗拉多州牛仔把牛转移到新的山脊，以避免过度放牧和进一步的土壤破坏。

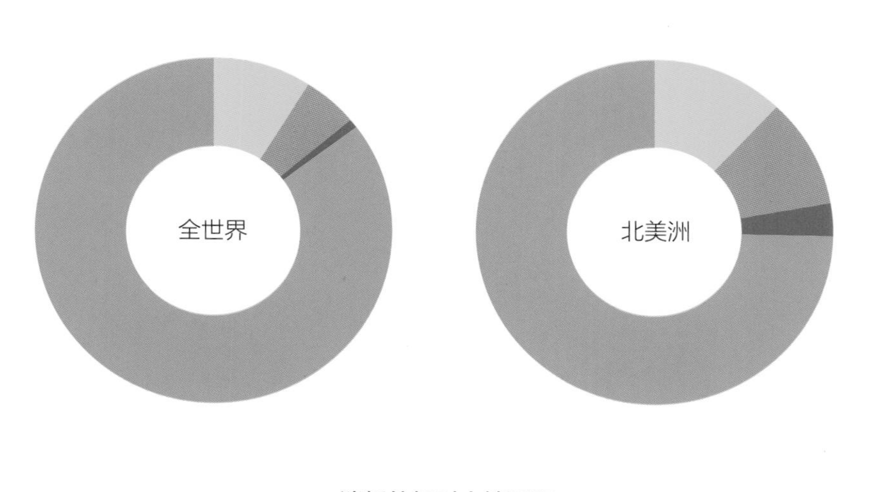

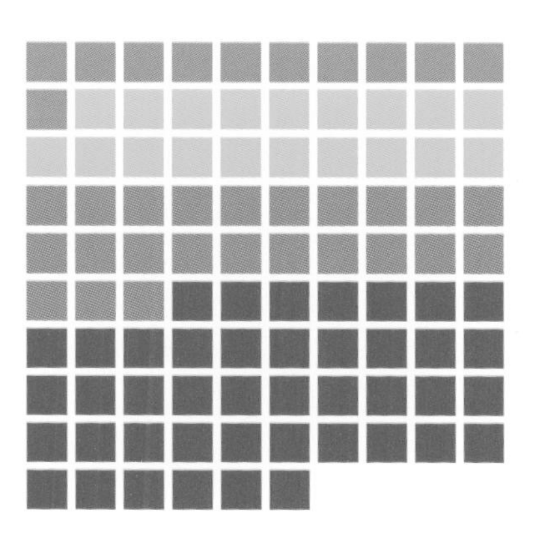

左图

少吃肉，拯救更多土地

减少动物性食品（特别是牛肉）的消耗将会极大地减少草原的使用。实际上，如果全世界较富裕的20亿人少吃40%的肉类，那么将会节省出相当于两个印度大小的土地。

比起限制人口数量，大规模生态恢复可能与我们如何获取食物关系更大。简而言之，我们需要做两件事：一是必须将农业变得更高效……对环境的伤害减少；二是必须改变饮食习惯以减少作物种植量。

动物，以便它们能为我们提供动物性食品，这比起我们直接吃粮食要消耗更多的土地。生产 1 卡路里（约合 4.186 焦耳）热量的牛肉需要 8 卡路里的谷物，乳制品的消耗也不比牛肉少多少。

在过去的一个世纪，将草原变为耕地以喂养牲畜相比其他因素引起了更多的自然生态系统破坏。举例来说，巴西热带稀树草原的消失主要为了种植大豆，以喂养亚洲和欧洲的家畜。如果我们更明智地使用现有的粮食作物，就可以在不占用更多土地的情况下来满足全世界的食物需求。但许多地方正在接受包含大量肉类和乳制品的西式饮食，这可能加速对自然的侵占。

因此，比起限制人口数量，大规模生态恢复可能与我们如何获得并取用食物关系更大。简而言之，我们需要做两件事：一是必须将农业变得更高效，以使我们获得每吨粮食对环境的伤害减少；二是必须改变饮食习惯以减少作物种植量。我们也许不必都变为严格的素食主义者，但我们应当减少对肉类及乳制品的依赖，这种依赖可能带来生态毁灭。

未来数十年最为紧迫的耕地危机将会发生在非洲，这将威胁到塞伦盖蒂和许多其他未被开发的草原的未来，这些地方目前仍处于原始的自然状态。非洲将是人口数量增长最多的地方，也会是粮食缺口最大的地方。

迄今为止，近几十年来改变农业产出的绿色革命大多绕过了非洲。非洲农民从相同土地面积上获得的谷物不及亚洲农民的一半，不及欧洲和北美洲农民的 1/5，填平这样的差距至关重要。如果非洲的农业水平能提升到与亚洲持平，那么许多草原及其上生活的野生动植物就能得以幸存；如果这种提升无法实现，那么在保护区之外它们将会迎来末日。随着非洲人口和全球饮食需求的激增，一波最大的危机似乎已迫在眉睫，或许就将发生在未来几十年内。但如果我们能突破这个瓶颈，草原和巨大的兽群就可能幸存下来。

左页图

像电池组一样的养牛场

得克萨斯州的一个饲育场。这张图片由数百张高分辨率卫星图像合成，显示了装满数以千计的牛的畜栏（左）以及巨大的蓄粪池（右），池中污水经过化学处理后流入土壤并最终进入地下水。生长激素、抗生素和高效的饲育场结构使大规模的牛肉生产成为可能。

142—143 页图

漫步旷野

肯尼亚马赛马拉，猎豹出发去捕猎。马赛马拉开阔的草原对猎豹的猎物们来说是理想的栖息地，这里也是国家保护区。猎豹需要巨大而相连的栖息地来捕捉足够的猎物，因此它们的种群密度很低。33 个剩下的猎豹种群中，仅有 2 个种群的规模超过 1000 只，其中 1 个就位于跨越坦桑尼亚和肯尼亚的塞伦盖蒂 - 马拉 - 察沃地区。总体来说，由于人类对它们栖息地的侵占、对幼崽的偷猎以及疾病等因素，猎豹种群的数量在下降。

森林

生境万花筒

“从完全被树木覆盖之处到林中空地（物种和自然变化过程的一种互动），森林是一个动态的、持续变化的生境万花筒。自然演替可以朝任意方向进行。一场风暴、一场火灾、一场洪水或一场疾病都可以开辟出更加开阔的地貌，并由大型食植动物维持。之后，另一场疾病或严酷的气候事件或多刺灌木的生长，能帮助树木再次夺回领地并持续一段时期。组成这样的动态地貌的无数物种，包括那些来自土壤（含腐殖质）的物种，能与来自草原、开阔林地、灌木丛甚至河流生境的其他物种相关联。了解它们相互作用的动态变化是保护和恢复丰富的森林生物多样性的关键。”

——弗兰斯·舍佩尔斯（Frans Schepers）
“欧洲再野化”项目创始人及总裁

森林有复原和再生能力，能帮助我们进行“生态大恢复”（Great Ecological Restoration）。

就像大多数森林火灾一样，鹰溪（Eagle Creek）的大火始于一个火花。不同以往的是，这次我们知道肇事者是谁——一名15岁的少年被目击到朝着溪谷燃放烟花。烟花点燃了灌木丛，随后干燥的强风助长火势，火海迅速沿着华盛顿州的哥伦比亚河扩散，最终吞没了200平方千米由花旗松、雪松和铁杉组成的森林。这场火灾发生在2017年的美国劳工节周末，吓坏了徒步旅行者。1 000名消防员和10余架救火直升机也未能浇灭火焰，直到两周后雨水到来，森林才得到解救。

那个夏季，整个北美洲西部，从不列颠哥伦比亚省的温带雨林到加利福尼亚州的红杉林，燃起大火的区域的面积超过了整个比利时。不管每一场火灾的起因是什么，那个夏季森林的燃烧都比通常更猛烈，因为当时异常干旱——科学家认为这是气候变化引起的。而火扩散的范围更广，因为有更多的树木可以燃烧，这是数十年来抑制火灾的森林管理方式造成的。

当鹰溪的火焰最终熄灭后，气候学家说，未来我们将会看到更多更大的火灾。这很糟糕吗？至少对森林来说不一定是这样的。因为这里存在曲解：野火也许对徒步旅行者或者在森林中拥有房屋的人来说是危险的，但对森林本身来讲通常是件好事。

野火是天然的。如果那个男孩没有点燃森林，那么闪电也许会点燃它们，这是很难避免的。生态学家一度担心森林火灾的热量和破坏力，但今天他们认为火对维持森林健康十分重要。“火不是终结，而是开始，”俄勒冈州的火灾专家多米尼克·德拉萨拉（Dominick DellaSala）说，“它是大自然的涅槃。”

对于天然的健康森林，即使是最大的火灾也不能杀死所有的树木。大多数森林会得到基本恢复。美国西部地区的研究指出，最热最干燥的森林也许不能从气候变化诱发的大火中复苏。但在通常情况下：燃烧形成的空地能让光透过，促使新的植被生长；热量使潜伏在土壤中等待合适时机的种子萌芽；风中的灰能够提供天然的肥料。果然，大火之后的春季，沿着鹰溪分布的黑色灰烬被绽放的野花取代，这里面目一新。大自然回归了。

144页图

多雨的森林

位于美国西海岸俄勒冈州的原始温带雨林。

146—147页图

宏伟的北方森林

芬兰北部未被砍伐的天然的北方森林，这是奥兰卡国家公园的一部分。由于气候寒冷，生长季节短，这里的树木种类较少。挪威云杉在此处占主导地位，毛榉和白桦则生长在河漫滩或因火灾产生的开阔区域。

左页图

火之力量

加利福尼亚州约塞米蒂国家公园由雷击引发的一场大火。公园护林人利用防火道（森林里为防止火势蔓延而清出的空旷地带）去控制火的路径，但是仍让其继续燃烧。他们将火视作自然且有益的过程，认为火能起到净化和再生的作用。但是干燥的环境加重了森林火灾，迟来的秋冬季雨水使它们比往常燃烧得更久。

如果我们能为森林和其他荒野创造空间，大自然能够也将会回归。

“森林中的火是必不可少的，”斯蒂芬·派恩（Stephen Pyne），一位由消防员转型的任职于亚利桑那州立大学的火灾史学家如是说，“它摧枯拉朽，它释放营养物质、重构生物群。”没有火灾的森林就像活死人。派恩回忆道，1988年，美国见证了恐怖的一幕，火在美国标志性的生态系统——黄石国家公园中肆虐，1/3的公园陷入火海。许多人认为公园不会恢复了，但是30年后，森林重新生长了回来。回过头来看，火就是一场大扫除。公园护林人一度对火灾零容忍，但现在他们会在小范围内点火，使生态系统持续更新。

同样的故事也发生在世界上的许多森林中，这些森林适应了火，也依赖火。这告诉我们三件事：第一，毁灭对再生是必要的；第二，大自然是动态的、持续改变的；第三，它意味着森林有复原和再生能力，能帮助我们进行“生态大恢复”（Great Ecological Restoration），这在人类世也许是最为重要的一点。

如果我们能为森林和其他荒野创造空间，大自然能够也将会回归。

森林和人类是老相识了。不管是圣林（sacred groves），还是布满鲜花、蝴蝶与鸣禽的林中空地，这些充满魔力的森林在民间传说中比比皆是。但在一些寓言中，森林也意味着危险，是食人魔居住和坏事发生的地方。这样的故事反映的是北半球大多数地方被森林覆盖的时期。横跨北美洲，从欧洲到俄罗斯远东和日本，到地中海周边，再向南到今天的撒哈拉沙漠，这些地方绝大部分都覆盖着森林——山毛榉、欧椴、枫树、栎树、雪松和松树绵延数千千米。一些森林有着连绵不断的林冠，浓密而幽暗。但在许多森林中，阳光可以透到地表，植物得以大量生长。鹿等食植动物以这些植物为食，它们随后又成为狼、猞猁和熊的食物。森林上部，鸟类占领了树枝；森林下部，昆虫和其他无脊椎动物生活在灌木丛中，对森林的残渣回收利用。

几千年来，人类一直砍伐森林。我们这么做主要是为了获取木材并清

理出种植作物、开展畜牧和建造居所的地方。世界上大约一半的森林已经消失，而在热带以外的地方，这个比例还要高得多。

在《圣经》中频繁出现的黎巴嫩雪松林大多数已消失。苏格兰高地一片荒芜。在南半球，今天澳大利亚内陆的多数区域曾是森林，直到澳大利亚土著将其烧毁以方便其远途打猎（森林需要火，但是太多的火会毁掉它们的恢复力）。俄罗斯以外，仅有 1% 的欧洲古老森林还存在。自欧洲移民到来后，美国大陆地区超过 90% 的森林已被砍伐。

从全球来看，森林砍伐在 20 世纪达到了顶峰，这个时代的伐木工装备了链锯而不是斧子。但即使到了 21 世纪的欧洲，贪婪的清除式森林砍伐仍然是个威胁，甚至对欧洲最为珍贵的森林也是如此。

比亚沃维耶扎森林是一处位于波兰与白俄罗斯边界的世界遗产，是欧洲最大的、保存最完好的低地森林生态系统，也是欧洲最后的大型原始混种森林。这里物种丰富，是 1000 种植物、12000 种无脊椎动物和 58 种脊椎动物的家园。它还是欧洲野牛最大的避难所，世界上欧洲野牛野生种群的 1/3 生活于此。它极高的生物多样性和应对外部威胁的恢复力，依靠的

上图

处在边缘的森林

苏格兰西部高地的一只雄性马鹿。这些山岭本该被欧洲赤松所覆盖，但是马鹿会吃掉它们的大多数幼苗，阻碍其再生。因此，再造林需要有防鹿篱笆。在过去，狼群能控制鹿的数量，因此现在有人呼吁将狼引回苏格兰的一些区域。

152—153 页图

波兰的丰富遗产

针叶林和阔叶林、新树和老树交织而成的波兰比亚沃维耶扎森林。这片森林因其丰富的物种多样性而被指定为世界遗产，它是欧洲最后的大型原始混种森林和欧洲野牛的避难所。

查科森林——多样性博物馆

巴拉圭的查科森林是南美洲最神秘的荒野——大查科地区的腹地。这片森林的多数地方长有大片带着可怕棘刺的灌木丛，因而无法进入。然而，在荆棘之中，就是被爱丁堡植物园的托比·彭宁顿（Toby Pennington）称作“多样性博物馆”的地方。

这里环境极端，从50摄氏度的夏季到严寒的冬季，从灼热的干旱到泛滥的洪水，这造就了一些在别的地方很少能见到的适应性改变和许多查科特有的奇特动物。这片土地有大食蚁兽、貘、鬃狼，以及与人一般高的无法飞行的美洲鸵鸟和10种犰狳。外表像猪的草原西貒最初只见于化石中，直到1975年有人在这里的荆棘从中偶遇了一只。

查科森林的奇特植物包括许多巨型仙人掌和瓶状树，它们能够像驼峰一样保存水分。关于这些群落如何运行我们所知甚少，或许不久之后就会因太迟而无法寻求答案了。

直到最近，覆盖了巴拉圭一半面积的查科森林几乎是无人居住的，除了土著阿约雷奥人（Ayoreo）的小群体，他们中的一些群体很大程度上与世隔绝，另外还有一个说德语的门诺派教徒的侨居群体。但现在原住民开始撞见来清除森林以建立牧场的牧民。许多牧民从巴西越过边界来到这里，因为近些年巴西政府管控了亚马孙的毁林行为。巴拉圭政府似乎对这个问题不怎么关切，因此，现在查科森林的砍伐速度可能比其他任何地方都要快，每90秒就有一片足球场大小的森林消失。

“这太糟糕了，”彭宁顿说，“我们可能在还没了解它之前，就失去一个不仅在进化上很特殊，还拥有重大意义的植物群……在我们担心气候变化的时刻，失去这些显然能很好适应极端气候的物种看起来是特别糟糕的。”

> 碎片化是全球森林面临的最大威胁之一。它们被农场、道路、铁轨、输油管和电缆塔分割成碎片。

是各个年龄的树木混生、森林地表的死木滋养的真菌和无脊椎动物，以及诸如狼和猞猁之类的在森林中游荡的动物。

比亚沃维耶扎作为皇家野牛狩猎场，数个世纪来一直被保护着。许多区域从未被砍伐，所以树龄很大的栎树、欧椴和榆树在此繁荣生长。在这样一个拥挤的大陆上，它是不可取代的。然而波兰政府加强了这里的商业砍伐，他们声称这是为了解决杀死云杉树的小蠹爆发问题。但生态学家说，这只是诡辩。世界自然基金会称，甲虫塑造森林生态已经有数个世纪之久。森林极高的生物多样性依赖死掉的树木，其中生长的甲虫能将原始材料进行回收以供养未来的生命。欧洲法院支持环境保护论者，2018 年 4 月，波兰政府承诺遵守裁决。

尽管发生了这样的丑闻，近几十年来，毁林的前线很多还是转移到了热带地区。链锯的声音回响在热带雨林中，也回响在南美洲、非洲和亚洲的干旱森林中，这些森林现在是地球上受威胁最严重的生态系统之一。在巴西东部，一度广阔的大西洋干旱森林是数千个特有物种的家园，这其中包括黑脸狮面狨，它们曾被认为已经灭绝，直到 1990 年才被重新发现。但它们还能幸存多久？ 1/3 的大西洋干旱森林现已消失，被贫困的农业工人和种植甘蔗、咖啡等作物以供应国际市场的大农场主弄得支离破碎。

这种碎片化是全球森林面临的最大威胁之一。它们被农场、道路、铁轨、输油管和电缆塔分割成碎片。全世界仅有少于 1/4 的森林被生态学家认为具有“完整的森林地貌”，即被连续的树木覆盖，生活着虎和熊等大型捕食者或掠食者。一头北美灰熊可能需要 1 000 平方千米的领地。这些动物通过粪便散播种子，因此它们是森林生态的必要组成部分。

这个星球上最大的森林环绕在北极苔原以南的区域。从斯堪的纳维亚半岛到俄罗斯远东，从加拿大东部到美国阿拉斯加州，落叶松、松和云杉组成的北方森林延伸了数千千米。此处少有大型人类定居点。

2/3 的北方森林有伐木工在作业，为世界提供了 1/3 的木材。但是仍有

左页图

巴拉圭的查科森林正在被剥光，土地被改为养牛场以生产用于出口的牛肉。

156—157 页图

拉普兰的荒野

世界遗产——瑞典拉普兰保护区的一处山谷，泥沼、冰冻的湿地与挪威云杉林交织在一起。严酷的气候使植物只能在 6—8 月的短暂时期内繁殖，同时也限制了物种的数量。

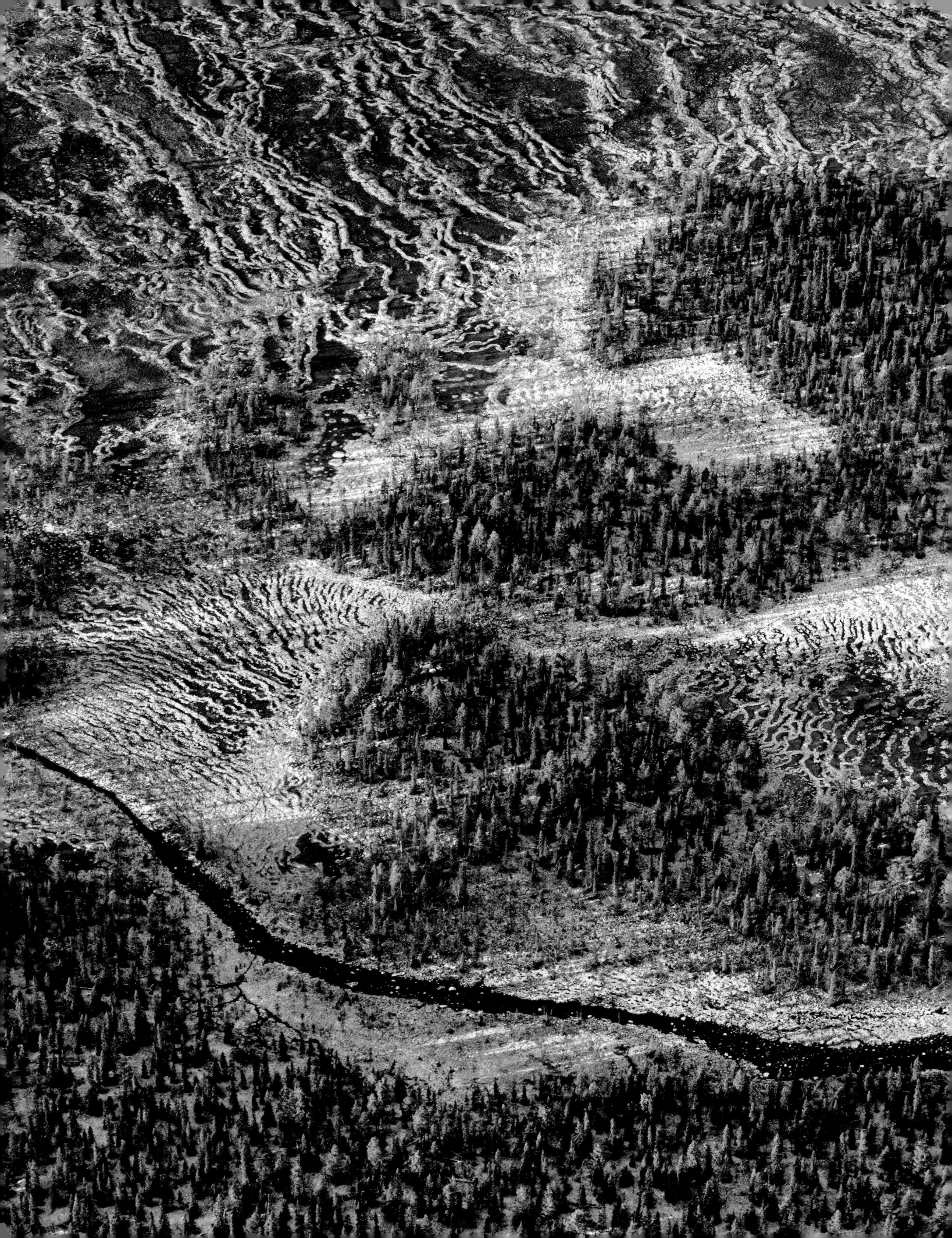

> 2/3 的北方森林有伐木工在作业，为世界提供了 1/3 的木材。但是仍有 1/3 的北方森林是相对未受影响的。

1/3 的北方森林是相对未受影响的，这个面积超过 100 万平方千米，这大概包括了整个世界 1/4 的树木。

北方森林超过半年的时间被雪覆盖，承受着最低可达零下 50 摄氏度的低温。这里的树木根部被冻土层所限制，难怪它们通常每年只能长几厘米。它们极为适应这种严寒刺骨的环境，但目前极北地区的变暖速度已远超地球上其他地方，这些广阔、恢复力强、似乎永存的针叶林的命运变得不那么确定了。

现在，北方森林已经被来自南方的昆虫入侵，夏季更高的温度导致了水分的短缺，森林“褐变”和越来越猛烈的火灾正在改变物种组成。火灾在北方森林很常见，甚至是必不可少的。它们通过使球果爆开释放种子的方式维持着云杉树的繁殖，但是新的“喷灯”一样的大火几乎能烧毁一切，导致森林被杨树和桦树之类的落叶树替代。

这威胁到生活于其中的动物的命运。北美驯鹿的巨大兽群在加拿大北方的森林中过冬，啃食生长在云杉林落叶间松软成团的地衣。但杨树和桦树不能支持这些地生地衣，那北美驯鹿将如何过冬？

生态系统和动物也许只能向北迁移，进入变暖的苔原。或许它们不会。在遥远的北方，大自然的恢复力正在遭受极限挑战。

同样受到挑战的还有西伯利亚虎（即东北虎）及其独特栖息地的恢复力。许多西伯利亚虎在俄罗斯远东的锡霍特山脉的松林中生活着，这里可能是世界上最大的未受破坏的老虎领地。在严禁打猎，包括禁止狩猎老虎的猎物后，这种世界上最大的老虎的数量得到了少量恢复。追溯到 20 世纪 30 年代，成年的西伯利亚虎一度减少到不足 40 只，而现在也许有 500 多只在这些山岭中活动——这是个气候极端的奇异世界，通常生活于热带的老虎和豹子，以及驯鹿和棕熊等北方物种，共同生活在这里的山坡。

日子变得艰难起来。老虎必须勉力在漫长的冬季维持生计，它的领地与它冬季的主要食物——鹿和野猪的领地重合，后两者依赖落到森林地面的松子过冬。每只老虎每年需要吃掉 50 只这样的动物，这就需要 600—

左页图

狩猎中的熊

怀俄明州的黄石国家公园，被相机陷阱拍到的一头黑熊。这头幼熊正沿着森林覆盖的山脊在鹿和加拿大马鹿的迁徙路径寻找食物。无论是松子、小动物，还是尸体，为了寻找足以果腹的食物，一头熊需要非常大的领地范围。

160—161 页图

巡逻中的老虎

《我们的星球》纪录片摄制组的相机陷阱在俄罗斯远东拍摄到的一只雄性西伯利亚虎，它正在锡霍特山脉中巡逻。它的领地十分巨大，只有这样才能提供足够的猎物使其度过严酷的冬季。老虎生存的关键在于该区域混生的红松和蒙古栎，这两者提供的松子和橡子能支持鹿和野猪过冬。禁止偷猎高度濒危的老虎及其猎物的法律强制手段，使得这个区域的老虎从几十只增长到多于 500 只。但主要问题依然存在，那就是由俄罗斯木材黑帮控制的成龄树非法砍伐和交易。这使得森林变得开放，减少了老虎的猎物可以食用的坚果，也减少了人类可以采集的坚果。

处于临界点的马达加斯加的狐猴森林

没有哪个地方像巨大的马达加斯加岛一样。数百万年来它孤悬于印度洋之上，岛上的野生动植物选择了一条独特的进化之路。因此，这里成了世界上生物多样性最高的热点地区之一。15 000 种以上的物种中，80% 以上是该地区独有的，其中包括了世界上半数的变色龙物种，所有 50 种现存的狐猴物种——这些狐猴尖利的呼喊回荡在森林中，还有马岛獴——一种像猫的生物，与獴关系最近，它们捕食小型狐猴。

但是马达加斯加也是世界上受威胁最严重的野地之一。它大多数原始覆盖的森林已经消失，它们被砍伐、烧毁或转变为牧场。北部和西部的干旱落叶林本是生物多样性的特别热点，受损却最为严重，仅存一些碎片。

目前这个岛的生物恢复力还存在。幸存的森林碎片充满了生命，但这个生物丰饶角中的一环看上去非常脆弱。在复杂和多变的森林生态系统中，狐猴是至关重要的。它们取食果实，通过粪便散播树种。在过去几个世纪，17 种取食大型果实的狐猴的消失使得许多树木无法繁殖。耶鲁大学的莎拉·费德曼（Sarah Federman）说，幸存的狐猴没有足够大的下颌去吃这些树的果实。这些树木是无望的“孤儿物种”。

包括岛屿东部森林中占主导地位的 33 种橄榄属硬木中的大多数在内，许多树木的繁殖现在依赖两种最大的幸存狐猴——红领狐猴和黑白领狐猴。这两种狐猴的种群在过去 30 年都损失了超过 80%。费德曼预测，如果它们消失，将会发生“连锁灭绝”，更多的树以及这些树提供给其他动物的栖息地会消失。尽管科学家们已经发出警告，但马达加斯加的毁林速度仍在持续加快，临界点或许已近在咫尺。

上图　黑白领狐猴，马达加斯加森林中橄榄属（*Canarium*）树木至关重要的播种者。

在遥远的北方，大自然的恢复力正在遭受极限挑战。同样受到挑战的还有西伯利亚虎（即东北虎）及其独特栖息地的恢复力。

1 000 平方千米的巨大捕猎场。

但老虎不仅是森林生态系统的受益者，它也帮助维持森林生态系统——老虎可以控制鹿的数量，从而防止幼小的树被过度啃食。这种关系运作良好，便能保持森林生态系统的平衡，可惜人类仍然在考验其恢复力。非法伐木仍在继续，特别是针对那些珍贵红松的采伐，这种木材在欧洲和美国用于制作家具和地板。目前莫斯科已经禁止了对红松的采伐，但非法伐木仍屡禁不止。

明确的一点是，更少的松树意味着更少的松子，以及更少的猎物来供应饥饿的老虎。人类只有对狩猎和砍伐保持持续警惕，才能维持老虎的领地。如果不能做到这点，西伯利亚虎将会和它已灭绝的表亲一样消失，比如在 20 世纪 70 年代灭绝的爪哇虎，以及 1998 年在阿富汗和塔吉克斯坦边界的偏远的巴巴塔格山（Babatag Mountains）最后一次被目击到的里海虎。

对老虎来说，未受损的捕猎场是至关重要的。但是一些森林总是和草原等其他生境混杂在一起。许多森林数千年来已经被人类活动所改变，以米扬博林地（miombo，旱生疏林）和可乐豆林地为例，这是非洲南部主要的树木覆盖类型。它们为非洲灌木丛的野生动植物提供了避难所，形成了林地穿插在稀疏草原之中的混杂地貌，其展布从安哥拉东部穿过津巴布韦，延伸到莫桑比克和坦桑尼亚，其中的塞卢斯禁猎区是非洲最大的保护区之一。这些林地的救星是林地中滋生的舌蝇。这种蝇携带有一种寄生虫，会引起人类的昏睡病并杀死家牛，这吓阻了农民和牧民。它们通常被称为“非洲最好的保护区看守员”。但是，尽管在此居住的人类相对稀少，米扬博林地和可乐豆林地也远称不上是原始的。生态学家说，如果人类千年来没有放火烧林，它们将拥有封闭的林冠。

今天，米扬博林地和可乐豆林地的混杂区域支持着分散在这个巨大区域中的 1 亿农村人口的生计。这种无遮盖的空间吸引了非洲稀树草原上的

164—165 页图

拼接之地

莫桑比克最大的保护区——尼亚萨国家保护区中的米扬博林地。它与坦桑尼亚的米扬博林地相连，构成了非洲稀树草原林地的一部分，覆盖了非洲南部一片巨大的区域。尽管存在偷猎，尼亚萨仍然是大量的象、非洲野狗和其他濒危动物的避难所。

> 这些动物是大自然的园丁。就像森林火灾一样，它们的破坏是暂时的，这些破坏会创造新的生境。

动物。诸如高角羚和大黑马羚之类的羚羊能找到足够的食物，贪婪地取食光照较好的区域的草芽。它们反过来为非洲野狗群提供了食物。非洲野狗的数量一度达到几十万只，但今天它们变成了濒危物种，这些林地则成了它们最重要的避难所和捕猎场。

有趣的是，动物为森林带来了新生，但第一眼看去它们似乎在破坏。作为非洲现存的最大种群之一，数千头饥饿的大象在米扬博林地中掀起灌木、踏平树木，食用它们的树叶、水分充足的根和富含营养的树皮。每个春季，当可乐豆林地的新鲜树叶大规模出现时，数百万只可乐豆蠕虫，也就是天蚕蛾的幼虫，会把树叶全部吃光。

这看起来像是一场浩劫，但是实际上这些动物是大自然的园丁。就像森林火灾一样，它们的破坏是暂时的，这些破坏会创造新的生境。大象创造重要的死木生境，为新枝叶的生长腾出了空间；可乐豆蠕虫的饮食生境回收树叶的营养物并返给森林地面，滋养新树木的生长。除非被人造屏障阻挡，否则大象会持续它们的活动，而这些被剥光的树木会又一次萌发出新叶。松脆的幼虫为人类提供了营养丰富的美味，是津巴布韦市场上最受欢迎的小吃。

这些森林是充满活力且拥有韧性的，但它们并不是不可摧毁的。灭除舌蝇的行为正越来越多，而这种行为以及快速增长的人口导致了人类和牛群对森林的侵占。农民建立的围栏和通道的阻隔迫使大象前往逐渐缩小的一片片森林，那里的树木面临着被象群过度伤害的风险。

我们今天认为人类对森林的开发是一个单向的破坏过程，在这个过程中，森林一旦消失了也就永远消失了。但历史讲述了一个更加复杂的故事：森林边界是如何持续进退，以及人类如何经常在不摧毁森林的情况下生活在森林中并利用森林。

数千年来，游耕者走遍了全世界大多数森林。他们清出空地、种植作物，然后换到另一个地方，让树木重新长出。土壤中常有许多蕴含着历史

左页图

森林园丁

津巴布韦的马纳普斯国家公园林地中的一头大象。它在山谷高处的可乐豆林地觅食后，又来到河流边啃食金合欢树。这些树在旱季长出种荚及绿色的枝叶，而此时多数落叶树已变得光秃秃。虽然大象也许会扯下枝条甚至把树推倒，但它们穿过林地造成的破坏只是暂时的，树木会重新发芽，或者更年轻的树木会填补空缺。大象制造的林中空地给了其他植物机会，同时大象富含养分的粪便不仅仅是肥料和其他生物的食物来源，还能帮助传播树的种子。

下图

更少的木材，更多的树木

一个近期的全球倡议为保护世界森林制订了新的行动计划。《纽约森林宣言》承诺在2030年之前终止对天然森林的毁坏，同时开展广泛的森林恢复。许多政府和公司现已签署并支持宣言。

2020
纽约森林宣言
天然森林每年的净损失减少一半

2030
纽约森林宣言
终止所有对天然森林的毁坏

2020
纽约森林宣言
恢复150万平方千米森林

2030
纽约森林宣言
恢复350万平方千米森林

右页图

回归的熊

在斯洛文尼亚，一头紧张的棕熊在树后探头探脑。它的家园在山区的落叶树和松林的混合区，这片林地躲过了砍伐，林中的棕熊也免遭伤害。今天，斯洛文尼亚半数地区被森林覆盖，有着大约500头棕熊。环保主义者相信，它们现在是否能扩散到阿尔卑斯山取决于是否能大幅降低猎人捕杀的数量，也依赖在斯洛文尼亚和克罗地亚之间建立的跨境自然保护区。

的陶器碎片，且富含木炭碎屑和原始城市定居点的土方工程留下的坑洞。即使是看起来完全天然的森林也很少是原始的，大多都包含着从过去的空地上重新自然生长起来的部分。

“没有真正的处女森林，”英国皇家植物园邱园的科学主管凯西·威利斯（Kathy Willis）说，“森林能够并确实恢复得如此完整，以至于生态学家不能识别出人类的元素。仅仅几百年的时间，人类的痕迹就被抹去了。”

这些天然的森林有着各龄树木的混交林分（mixed stand），野生动植物丰富，但也曾深受人类的影响。这给我们带来希望，即使是21世纪的灾难性毁林也能被扭转，前提是我们不能一直破坏森林。这并不容易做到，但恢复许多失去的森林是可能的。

我们有许多可以开展工作的地方。在21世纪的第二个10年，森林仍然覆盖了我们的星球近1/3的陆地。它们中的许多已变得碎片化，一些则仅包含暗淡单一的速生物种，如桉树和金合欢树，种植这些树只是为了砍伐。但即使如此，93%的森林仍然是天然的。

首先我们要防止形势恶化。好消息是，世界范围内森林消失的速度可

> 森林恢复不只是富裕国家一时的狂热。许多发展中国家正看到恢复森林带来的益处。

能已经开始减缓。

联合国称，自2010年开始，天然森林每年的净损失大约是6.5万平方千米。这仍然是一个接近爱尔兰共和国大小的区域，但这仅为先前20年损失率的60%。隧道尽头的那一丝希望需要迅速变亮，这也许会实现的。

许多政府和大型农业企业，其中包括世界上最大的棕榈油采购商联合利华以及雀巢、家乐氏、麦当劳、沃尔玛等，共同签署了2014年的《纽约森林宣言》，承诺在2020年之前将天然森林的损失速率减少一半，并在2030年之前终止毁林。

但在终止毁林的同时，我们还需要植树造林。在世界上一些地方，森林已经开始恢复——在公园和保护区里重生，并扩展到废弃的农地，也在伐木工离开的地方重新生长。在美国新英格兰地区，秋季树木颜色变幻的奇异景观吸引了数百万游客，现在这种景象的范围比一个世纪前要广得多。在斯洛伐克和斯洛文尼亚等欧洲中部国家，大自然正在把数百个之前的集体农场变为森林。

复苏森林的诀窍是将这些零星的复苏变成全球范围的复苏，人们再一次做出了承诺。《纽约森林宣言》征集到了来自非政府组织、土著群体、政府和企业的承诺——在2020年之前恢复150万平方千米被毁掉的森林和退化的土地，到2030年之前恢复350万平方千米。

恢复受损的森林会是一个好的开端。被伐木工、牧民或农民蹂躏后留下的这类林区数量惊人。由于森林土壤通常很贫瘠，人类入侵一般是短暂的，这就给了大自然机会。世界资源研究所估计退化的森林地貌的面积约有2 000万平方千米。

与未受损的森林相比，这些受损的区域也许有时看起来是荒凉的，通常被视作“荒地”（wasteland）而适合开发。但是研究显示，它们能保留先前大多数的生物多样性。物种会以较小的数量继续存活，等待复兴。如果我们退后一步，大自然通常会回归。如果这些“荒地”适宜被恢复，那么它们应当成为全球行动的首要目标。

左页图

旅途中的猞猁

瑞士侏罗山，一只雄性猞猁正在它巨大的林中领地巡逻。猞猁曾在西欧大多数地方消失，而在20世纪70年代被重新从东欧引入瑞士，部分原因是为了控制鹿等在林地中过度牧食的动物的数量。在欧洲有10个独立的猞猁种群，其中一些种群生活得相当好。一些种群也被转移到了意大利和奥地利。盗猎使得这些种群割裂开，并在一些区域缺失，在这些地方，猎鹿人将猞猁视作竞争者。但总的来说，现在欧洲猞猁的数量（俄罗斯和白俄罗斯除外）可能有9 000—10 000只。

172—173页图

大型的种子散播者

雌性双角犀鸟在用喙进行争斗。在印度西高止山脉的森林中，雌鸟看到互相竞争的雄性在空中进行搏斗展示后受到了激发。雄性会为了领地和果树而争斗。如果雄性成功吸引了配偶，这一对犀鸟将会在树干或巨大老树的粗枝上选择筑巢点。双角犀鸟的生存依赖这些古老的树木，许多森林树木也依赖取食果实的犀鸟来散播种子。作为种子散播者，犀鸟在森林恢复中扮演着重要角色。

德国政府打算在 2020 年前将 5% 的森林恢复到野生状态。

计划的下一个目标应当是那些当地人珍视森林的地方。贫穷也许会迫使乡村居民毁掉他们周围的森林，以养活家庭或多挣点钱。但是森林里的居民往往是更好的看护人，通常是外来的人在毁坏森林。

世界资源研究所发现，那些社区管理的森林会比国家管理的森林遭受更少的毁林活动。对森林了解最多的人群很可能也是最有经验、最热情的森林修复者。

"如果你想停止毁林，请给社区法律权力。"世界资源研究所的首席执行官安德鲁·斯蒂尔（Andrew Steer）说。

许多人已开始接受挑战，去恢复我们星球上的天然森林。在苏格兰，当地群体正重新种植组成古苏格兰森林的古老的欧洲赤松，这个森林一度覆盖了高地的大多数地区。德国政府打算在 2020 年前将 5% 的森林恢复到野生状态。

德国森林恢复的典范是德累斯顿北面坤斯布可的灌丛荒野。这个曾经被森林覆盖的区域直到 1992 年还是军事训练场。当军人离开后，为了使自然重生，超过 7 000 公顷的土地禁止人们进入。从那时开始，大自然开始打破营房、混凝土地堡和操练场的束缚，桦树、杨树和松树在欧石楠灌丛中拓殖，这里还栖居着至少一个狼群。

森林恢复不只是富裕国家一时的狂热。许多发展中国家正看到恢复森林带来的益处：对于自然，对于蓄水以确保整年的河水流量，对于减少洪水和土壤侵蚀，对于缓和当地气候，对于促进旅游，以及对于其他很多方面，都有益处。

中美洲国家哥斯达黎加就是一个突出的例子。它的森林覆盖率从 1940 年的 75% 下降到 20 世纪 80 年代末的 20%，森林大多被清除以建立养牛场。后来，政府开始付钱给土地使用者，让他们保护幸存的森林并种植新的森林，这一举措部分是为了减少洪水和滑坡，部分是为了促进现在产值达 20 亿美元的生态旅游业。该国的森林覆盖面积再次达到了国土面积的一半以上。

左页图

荒野无人区

坤斯布可（Königsbrücker）曾经是德国的军事训练场，就在德累斯顿的北面，现在成了保护区。在柏林墙倒塌后，它变成了一个人类禁入区，却成了野生动植物的荒野庇护所。在不被打扰后，这个巨大的区域形成了多样的森林地貌，有着湿地、灌丛荒野、沙丘，生活着河狸、鹿和狼等野生动物。

当大自然在这个星球上人口极为稠密的大陆恢复野性时，与猞猁一同回归的还有越来越多的豺、棕熊、狼獾、河狸、羱羊。我们甚至还能听到狼的嚎叫。

右页图

从东部回来的狼

狼的幼崽在柏林西南的半林地的欧石楠灌丛中玩耍。在19世纪，德国的狼群被清除了，但在过去20年，保护工作使得它们穿过波兰边境重新回来生活。今天的德国至少有60个狼群，所有这些狼群都被法律严格保护。

其他许多国家也在接受挑战。在尼泊尔，社区管理的森林系统自20世纪70年代以来使这个国家的森林面积增加了1/5。在加勒比海的波多黎各，树木重新进入了废弃的农地，使其森林覆盖率从1960年的仅6%增长到今天的60%。罗格斯大学的托马斯·鲁得尔（Thomas Rudel）说，尽管被最近的飓风蹂躏，这依旧是“20世纪下半叶世界上最大规模的森林恢复”。野生动植物也开始充分利用森林恢复的机会。黄昏之后，新森林里再一次回响起雄性卵齿蟾的求偶声，这种蟾是该国的象征。

森林再造也会使更大型的动物回归。中亚的哈萨克斯坦正沿着巴尔喀什湖600千米长的南岸恢复森林，以便在70多年前那里最后一只老虎被偷猎者猎杀后，重新将它们引进这一古代的捕猎场。新的森林保护区中会先引进本土的中亚红鹿、野猪、濒危的野驴和老虎的其他猎物。遗憾的是，他们再也不能引入原来的里海虎。它们已经在数十年前灭绝，即使在动物园也一只都没有了。作为替代，人们将引入里海虎最近的近亲——西伯利亚虎。

哈萨克斯坦的老虎项目是全球老虎数量倍增计划的一部分，这项计划将涉及有组织的重新放归。但是其他猫科动物回归家园的时候并不需要这么多的协助。

以猞猁为例，它们再次漫步于西欧的森林，伏击它们最喜欢的欧洲狍。禁猎使得它们的数量增长了3倍，达到9 000—10 000只。当大自然在这个星球上人口极为稠密的大陆恢复野性时，与猞猁一同回归的还有越来越多的豺、棕熊、狼獾、河狸、羱羊。我们甚至还能听到狼的嚎叫。

也许除了老虎之外，没有什么动物比狼更能体现野性。正如美国作家杰克·伦敦（Jack London）广为流传的形容，它们是“野性的呼喊”。成群的灰狼一度在欧洲到处捕猎。传说中充满了它们作恶的言论，说它们给社区带来恐慌并吃掉家畜。当荒野的森林被驯服后，狼群逃向东边，进入俄罗斯的森林避难所。不列颠的最后一只狼在300多年前已被猎杀。

如果它能在这儿发生，那只要我们愿意，它就能在任何地方发生。

右页图

野生动物乐园

乌克兰切尔诺贝利禁区内的普里皮亚季镇，桦树林在曾经的露天游乐场生长。在核灾难之前，有 4.9 万人生活在这里。现在这个城镇成了野生动物野外天堂的一部分。混合的针叶林和阔叶林覆盖了 60% 的波莱西（Polesie）低地平原。森林物种包括了欧洲野牛、加拿大马鹿、欧洲狍和马鹿，以及它们的捕食者——狼和猞猁。

180—181 页图

脱离困境

意大利阿布鲁齐亚平宁山脉（Abruzzi Apennines），一只雄性意大利狼在巡逻觅食。意大利狼是灰狼的一个亚种，它们逃过了迫害，但生存区域被限制在亚平宁地区。在 1976 年开始法律保护后，在野生栖息地的增加以及丰富的猎物的帮助下，意大利的狼整体上开始逐渐回归。今天在意大利大概有 800 只灰狼。

但是，狼现在从东面回归了，穿越德国和法国到达意大利和西班牙。据估计，现在大约有 12 000 只狼栖居于森林中，它们沿着铁路行走，在废弃的农场中漫步，趁着夜色在大城镇的郊区捕猎和觅食。像狐狸一样，它们慢慢地变成人文景观的一部分，在任何它们的主要猎物——鹿还存在的地方。狼袭击人类的事件极少。看起来，森林物种有时甚至在没有森林的情况下也可以生存。

狼是欧洲最大最奇异的森林恢复的核心。这发生在切尔诺贝利核电站周围的放射禁区，该核电站在 1986 年发生了爆炸，周围的土地上散布着辐射物。这个区域的面积有两个卢森堡那么大，跨越了乌克兰和白俄罗斯的边界。它可能在未来的许多世纪内都十分危险而不适合人类永久居住。不过，10 万人的撤离给了大自然机会。

森林占领了之前的原子城普里皮亚季，现在它是世界上最大的鬼城，周边的数百个村庄和数千座农舍也是这样。森林现在几乎覆盖了禁区的 2/3。在桦树、栎树、枫树和松树的掩护下，野生动物大范围回归。

人类访客预计会看到一片放射性的废土或者在黑暗中发光的动物，但他们将会大吃一惊。与预期相反的是，在散布有锶、钚、镅和铯的同位素的森林里，看起来极其健康的猞猁、灰狼、普氏野马、驼鹿、鹿、野猪、狐狸、野兔，甚至还有一两头棕熊，正昂首阔步。鹰在空中翱翔觅食。这里的动物比这两个国家的国家公园和自然保护区里的还要更加丰富。它们也许带有放射性，但它们在尽情地享受着。基辅动物学研究所的狼类研究专家玛丽娜·希库维利亚（Marina Shkvyria）称，禁区是"一扇通往欧洲过去的窗户，那时熊和狼是这儿的老大"。

没人能保证这种放射性复苏没有负面影响。辐射导致的细微基因改变也许会在未来动物的世代中放大，可能会带来大的生态影响。但是今天，这里的自然可以称得上是繁盛的。仅仅 30 多年时间，一个农耕地貌就转变为欧洲最大的再野化区域，成为一个在世界上污染最厉害的地方进行森林恢复的天然实验室。如果它能在这儿发生，那只要我们愿意，它就能在任何地方发生。

全球森林覆盖及潜在的森林区域
郁闭林（即密林，原始森林覆盖最大的区域）
疏林（树木间距更为宽阔）
潜在郁闭林（从已毁林的土地上恢复）
潜在疏林（从已毁林的土地上恢复）
本地图基于世界资源研究所和马里兰大学全球土地
分析与发现实验室的地球观测成像（2018）

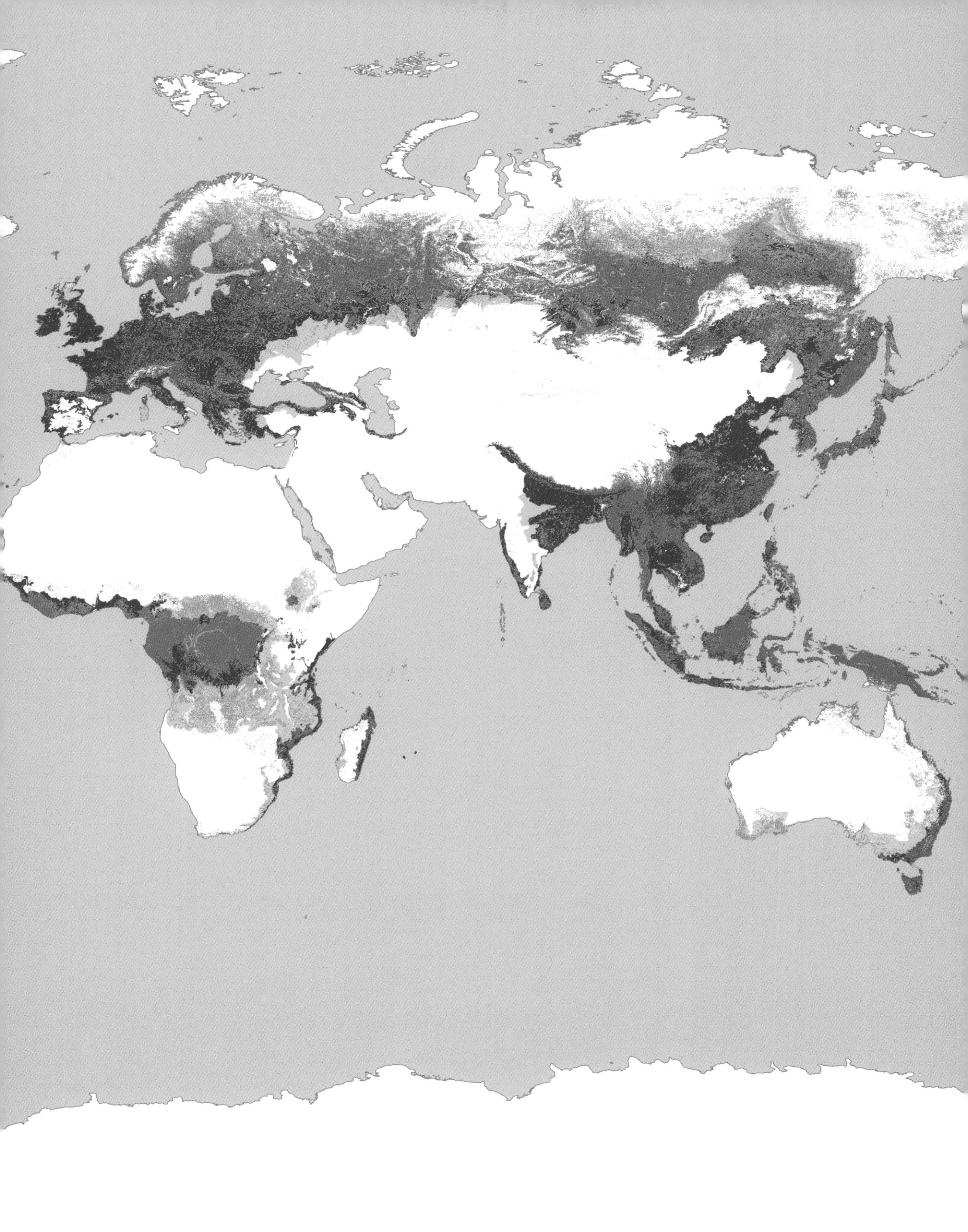

丛林

非凡的物种乐园

“我们星球的健康取决于雨林，其中最重要的是亚马孙雨林。这个生态系统拥有地球上10%—15%的陆地生物多样性，以及20%的流动淡水。同时，它就像一块巨大的海绵，吸收储存了超过1 200亿吨的碳。它数以亿计的树木将水分循环到大气中，形成丰富的降雨。但到目前为止，对亚马孙的开发都意味着将森林转变为农田、牧场、矿场和大型水电站。不论对于环境、经济还是社会，这都是一种过时的模式。新模式不能再基于破坏生物多样性，而应从生物多样性中受益，通过运用科学和传统知识去建立一种树木成林、河水永流的生物经济形式。”

——卡洛斯·诺布雷（Carlos Nobre）教授

巴西首席环境科学家，圣保罗大学高等教育研究所高级研究员，

巴西世界资源研究所资深研究员

热带雨林的特点是持续的温暖和几乎不停歇的降雨。它们没有季节区分，没有像旱季的火灾或冬季的霜冻这样的间断模式。

泛美公路是工程学上的奇迹。它从美国阿拉斯加州开始，向南穿过加拿大、美国本土、墨西哥，并沿着安第斯山脉的走向一直延伸到南美洲最南端的火地岛。或者说它几乎贯穿了整个美洲，仅在巴拿马与哥伦比亚边界的中美洲地峡最狭窄的地方有一段 100—150 千米的缺口，这里就是充满危险和未知的达连地堑（Darién Gap）。这条公路避开了从太平洋延伸至大西洋的雨林。至此，环境保护论者成功地为森林争取了优先权。

一些人把这儿的乔科 - 达连雨林称作最为珍贵的丛林。这片丛林中生活着许多在安第斯山脉另一侧的亚马孙发现的物种，包括一些常登上新闻头条的种类，比如美洲豹、貘、蜘蛛猴、狨猴和巨型电鱼，但它们又存在一些不同。与亚马孙隔离了数百万年后，许多物种发展出新类型，其中包括了仅发现于此的至少 120 种两栖动物，以及包含丰富种类的兰花在内的超过 6 000 种植物。

直到最近，这片有着地球上最高降雨量的沼泽森林中唯一的人类居民群体是土著恩贝拉人（Emberá），他们生活在吊脚楼里，靠船出行。但是一条未建设完的道路延伸到了沼泽边缘，带来了农民、牧民和往北面运货的毒品走私犯。这片森林成了保护世界雨林的战争前线。环境保护论者称，达连不只是一个地堑，它是一个对抗人类入侵自然的堡垒。它的幸存会是雨林保护的转折点吗？在这个卡车只能回头的地方，人类也会选择回头吗？

我们经常将“热带丛林”视为可怕的无法穿越的地方，由“丛林法则”支配，应该被掠夺和砍伐。而从另一方面来讲，“热带雨林”又是迷人的，充满了对这个星球至关重要的美丽生灵。这两种称呼当然是指同一个地方，但有着不同的名声。成功将丛林改称为雨林，显示了西方世界对这片蛮荒之地的看法发生了巨大改观。在人类世，雨林是我们想要拯救的地方。对“生态大恢复”来说，没有什么比扭转破坏雨林的浪潮更重要的了。我们

184 页图

丛林巨蛙

苏里南雨林中的巨型猴树蛙（*Phyllomedusa bicolor*），体长 22 厘米。这种蛙会在水面上方用树叶筑巢，常在树枝上鸣叫。

186—187 页图

丛林结构

加里曼丹岛（也称婆罗洲，该岛属于印度尼西亚、马来西亚和文莱）沙巴（Sabah）的斗湖山国家公园雨林溪畔一瞥。一株绞杀榕缠住一棵超过 80 米高的龙脑香树的板根（buttress）。加里曼丹岛有着世界上最高的热带雨林树种，其中最高的树就在这个公园内。加里曼丹岛的森林也是世界上最古老的，其年龄超过 1.3 亿年。

左页图

丛林象征

秘鲁马努（Manú）国家公园，一群红绿金刚鹦鹉在暴露的河岸啄食富含钠的泥土。许多鸟类和哺乳动物（如灵长类动物和蝙蝠）会到这样的地方补充必需的矿物质，这些矿物质在亚马孙西部较为短缺。

（热带雨林成为地球上最复杂生态系统的）另一个原因是其极其丰富的生境类型，每种生境都有它们独特的生物群落。雨林是多层次高密度的生态系统。

右页图

林冠大猫

相机陷阱捕捉到的雄性婆罗洲云豹，它正在加里曼丹岛的马来西亚沙巴雨林中的领地巡视。虽然不算是真正的豹，它仍然是这个岛上最大的捕食者。它主要在雨林地面进行捕猎，但有时也爬到林冠上捕食猴子和懒猴。同生活在邻近的苏门答腊岛的更为稀少的巽他云豹一样，它们有着现生食肉动物中最大的张嘴角度和最长的上犬齿。

192—193 页图

林冠雄鹰

一只食猿雕，摄于菲律宾棉兰老岛（Mindanao），它正在清晨的栖木上热身并抖松胸部的羽毛。头部竖起的羽毛表示它十分警觉，它大概是在搜索菲律宾鼯猴，甚至是山地雨林中的猴子。由于雨林的消失，这种世界上第二大的森林雕成了最濒危的雕类。

已经重新定义了丛林，现在我们必须要重塑它们。

热带雨林的特点是持续的温暖和几乎不停歇的降雨。它们没有季节区分，没有像旱季的火灾或冬季的霜冻这样的间断模式，大自然在一年中没有哪个时间是静止的，因此生长、繁殖、死亡、降解和再生的轮回一整年都在极速进行。许多人认为这是热带雨林拥有非凡生物多样性的关键，是雨林成为地球上最复杂的生态系统的原因。

另一个原因是其极其丰富的生境类型，每种生境都有它们独特的生物群落。雨林是多层次高密度的生态系统，从动物快速跑过、昆虫取食并分解树叶的雨林地面开始，一直延伸到 30 米甚至更高的林冠。

事实上，直到 20 世纪 80 年代，我们才开始了解热带雨林的林冠，从那时起科学家们停止了从下攀爬抵达林冠的尝试，转而开始用热气球下降到林冠。他们有了突破性的发现。雨林的许多活动发生在它沐浴阳光的顶棚而不是被荫蔽的地面。至少 1/10 的植物生活在顶棚，植根于生长在树枝上的苔藓中。蚯蚓在这些巨大的“花盆”中生活并死亡，甲虫、树懒、蛇、猴子和许多其他的动物也在树枝上生活。以这些动物为食的是顶级捕食者，比如加里曼丹岛和苏门答腊岛的云豹。

地球上大约 3 万亿棵树木中，有近一半位于热带，其中大多数在热带雨林。历史上很长一段时间里人们都认为，树木的数量看起来如此巨大，人类仅能对它们造成轻微破坏。但是现在看来，它们太容易被毁坏了，在过去半个世纪，人类的入侵已经吞没了许多雨林。中美洲、西非和东南亚大陆的国家损失的雨林数量最多。在西非，90% 左右的雨林已经消失。在世界自然基金会评定的全球 11 个处于濒危状态的森林区域中，其中有 7 个是热带雨林。

尽管链锯、放火和斧头导致了大规模的破坏，但仍有大片雨林存在，它们大多数位于 3 个区域。最大的区域仍然是亚马孙雨林，这是一个 10 倍于法国面积的地区，从巴西延伸至周边的玻利维亚、秘鲁、厄瓜多尔、

中非刚果盆地拥有仅次于亚马孙的世界上第二大的热带雨林区域，该区域占全球热带雨林的 1/5，生活着非洲的大多数物种。

右页图

森林园丁

摄于刚果（布）奥扎拉国家公园的一只“银背”西非低地大猩猩，它是这个猩群的头领。西非低地大猩猩对于森林树木的再生很重要。它们吃下果实，其中的种子随粪便从夜巢中掉落而传播。大猩猩倾向于将它们的巢穴建造在林冠比较敞开的地方，阳光照射在森林地表有助于种子萌发。西非低地大猩猩虽然在奥扎拉等区域受到保护，但疾病（如埃博拉）、盗猎、森林丧失等因素使得它们在非洲赤道地区仍然极度濒危。

196—197 页图

森林挖掘者

在位于中非共和国的赞加－多基（Dzanga-Ndoki）国家公园，以家族为单位的森林象群正在挖掘矿物盐。象的活动维持了林中空地，同时也创造了贯穿整个森林的路网。森林象比草原象小，它们的象牙更坚硬、更被追捧。在过去的十几年里，超过 60% 的森林象因为人类对象牙和象肉的索取而被猎杀。

哥伦比亚、委内瑞拉、法属圭亚那、圭亚那和苏里南。

20 世纪的最后 10 年，亚马孙地区猖獗的毁林行为变成了破坏自然的同义词。但是幸运的是，虽然破坏还在继续，但是速度与破坏高峰时相比已经减缓了许多，80% 左右的雨林还保留着。这是全球 1/10 的已知物种的家园，平均每两天还能发现一个新物种。在它的树木和土壤中储存了超过 1 000 亿吨的碳，这些碳如果释放出来会加剧全球变暖。

中非刚果盆地拥有仅次于亚马孙的世界上第二大的热带雨林区域，该区域占全球热带雨林的 1/5，生活着非洲的大多数物种，但其覆盖范围并不总像现在一样。在过去漫长的时间里，这个地方反复在干、湿两种气候中变迁，使得植物和动物在雨林和草地的交界处往复迁移。事实上，直到大约 1.8 万年前末次冰期开始消退时，刚果盆地的大部分区域还被稀树草原所覆盖。当气候变得更加暖湿之后，森林才重新出现。在某些地方森林仍然在向没有人类打扰的地方扩张。这片相对较新的丛林仍然包括了许多开阔区域，它们可能是旧草原的残余部分。像这样的生境交织可能是刚果盆地比其他森林有更多大型哺乳动物的原因，包括象、水牛、羚羊、鬣狗、大猩猩、黑猩猩、倭黑猩猩等等。

非洲森林象被认为是一种在森林中演化出来的独特物种，对森林的生产力至关重要。偷猎象牙导致象的数量减少，威胁着森林的再生能力。首先，象吃树的果实，排出的粪便散布了植物种子，种子随后被蜣螂埋葬以待萌发。其次，森林象对林中空地的维持十分重要，这种空地在当地被称为拜斯（bais），相当于刚果盆地的“亚马孙黏土舔食地”。这些林中空地包含了对于许多动物的健康十分重要的矿物质，森林象的挖掘使森林保持开阔，从而让别的物种可以获取矿物质。

目前，尽管存在持续的盗猎和普遍的非法伐木，中非的刚果盆地受到的干扰还是最少的，今天东南亚雨林遭受的破坏才是最严重的。

分别位列世界第六、第三、第二大岛的苏门答腊岛、加里曼丹岛和新

> 真正的丛林是不同物种间最精密的合作，很多情况下，它们协同演化以满足彼此的需求。

几内亚岛，不久之前还几乎完全被丛林所覆盖，但现在这些岛上的丛林正在以过山车般的速度走向毁灭。它们被清除和焚毁，以满足全球工业对廉价土地的巨大需求，这些土地被用来生产打印用纸和世界上应用最广泛的农业产品——棕榈油。这三个岛供应了全球大约一半的棕榈油，而我们在超市所见到的包装产品——从化妆品和去污剂到巧克力和饼干，有一半都依赖这些棕榈油。

数百万年进化形成的饱含大自然馈赠的景观，变成了柴火和纸浆，再被重新种上单一植物来获取植物油，看到这种景象就像见证一场时代悲剧。因此，在讨论我们可以带回来什么之前，我们需要了解我们失去了什么。

左页图

巨型播种者

在中非共和国赞加－多基国家公园，一头森林象在从一棵结果的树上取食，这一幕正好被研究人员的相机陷阱拍到。对森林象粪便的研究显示，在这个公园中，它们比其他大型哺乳动物扩散的完整种子数量更多、范围更广，因此它们是有效的“植树机”。盗猎象牙导致的森林象数量减少很可能会减少当地树木的种类。

从生态上说，什么是“丛林法则”？一些人将其看作残酷的争斗，赢者通吃——这是不对的。真正的丛林是不同物种间最精密的合作，很多情况下，它们协同演化以满足彼此的需求，即使是其中最大的生物也依赖这样的共生关系。

以巨大的巴西栗树和长得像豚鼠的大型啮齿动物——刺豚鼠之间的关系为例。巴西栗树是亚马孙的王者，可长到50米高，远高于主要的林冠，可存活数百年。今天许多仍活着的巴西栗树早在西班牙人来亚马孙寻找“理想中的黄金国”（Eldorado）之前就耸立于丛林之上。

这种树通过将西柚大小的蒴果掉落到森林地面进行繁殖。每个蒴果内大约有20颗种子，但是蒴果极其坚硬，仅有一种丛林动物进化出了足够锋利的牙齿来释放种子，这就是刺豚鼠。刺豚鼠凿穿蒴果，囤积种子，将其埋藏在隐蔽处，它们未吃掉的种子会在之后萌发。巴西栗树只在有刺豚鼠的地方出现。

但是巴西栗树还需要一种伙伴才能生存。它的花需要传粉，而最高效的传粉者是身体硕大的兰花蜂，这种蜂很强壮，能独自揭开大型花朵的盖子来获取内部的花蜜。森林中兰花蜂的存在取决于某些特定的森林兰花，这些兰花的香味物质会被雄蜂采集用以吸引雌蜂。因此，没有兰花意味着没有兰花蜂，也就没有巴西栗树。

丛林中的物种演化出了密切的共生和寄生关系。这种生存方式促进了前所未有的生物多样性的产生。虽然丛林仅占地球陆地面积的 7%，但它栖居了一半的陆生物种。

右页图

蛙类热点

秘鲁马努国家公园的各种雨林蛙类，这个公园有着世界上最多种类的蛙。每一种都有独特的生境需求，一些种类仅发现于雨林中的某个小区域。

1. 虎纹叶蛙（*Phyllomedusa tomopterna*）
2. 红裙树蛙（*Dendropsophus rhodopeplus*）
3. 拟箭毒蛙（*R. imitator*，条带型）
4. 拟箭毒蛙（巴拉德罗型）
5. 奇妙的箭毒蛙（*Ranitomeya fantastica*，条纹型）
6. 拟箭毒蛙（*Ranitomeya imitator*，斑点型）.
7. 三线箭毒蛙（*Ameerega trivittata*）
8. 携带蝌蚪的新发现物种（*Ameerega shihuemoy*）

雨林物种间复杂的依存关系中，更令人吃惊的例子是切叶蚁的生死斗争。这些蚂蚁是亚马孙最重要的植物收割者，能够大量移除和回收森林废物。它们形成巨大的军团，横扫森林地面，切下叶片并将其带回巨大的蚁穴，蚁穴的尺寸可达船用集装箱大小。这些叶片用于供养切叶蚁种植在蚁群内的真菌，而之后这些蚂蚁从真菌中获取营养。

看起来这些蚂蚁似乎在这样的共生方式中占主导地位，但森林地表的生活很少会如此简单，另一组真菌有它们自己的打算。线虫草属（*Ophiocordyceps*）真菌会侵入蚂蚁的身体——大多数时候是侵入木工蚁（carpenter ants），并控制蚂蚁的神经系统，将其转变为“僵尸”。被控制的蚂蚁爬到植物的高处并死亡，随后真菌从尸体中爆出，将繁殖孢子释放到森林空气中。孢子落在下面的蚂蚁上，周而复始。这种循环似乎已经进行了数百万年。你编不出这样的故事，但是大自然能让其发生。

尽管真菌有着各种奇怪的习性，它们对雨林却是至关重要的，能将落叶转变为供给树木的营养物——它们通过降解树叶和附生在树根上实现这一过程。在树根上，它们直接为树木提供营养物，同时从树木获得糖分以维持生存。

雨林物种不遗余力地进行生存和繁殖。绞杀榕几乎出现在所有雨林中，是名副其实的植物怪物。它们的种子在林冠的苔藓中萌芽，随后当绞杀榕开始生长时，其根部会沿着寄主植物的树干向下生长，最终到达森林地面，在那里与寄主争夺土壤的营养。现在绞杀榕进入了快速生长期，它环绕树干的根网生长起来，缓慢地绞杀寄主植物，即使是巨型的巴西栗树最终也屈服于这种死亡缠绕。对绞杀榕这些丛林杀手来说，其生存取决于为它们生长在果实中的花进行传粉的小蜂。为了确保小蜂完成这项任务，绞杀榕散发出一种香味，可以吸引数千米外的小蜂。如果没有它们，即使是这种丛林泰坦也无法繁盛。

这样的故事显示，丛林中的物种演化出了密切的共生和寄生关系。这

1
2
3
4
5
6
7
8

种生存方式促进了前所未有的生物多样性的产生。虽然丛林仅占地球陆地面积的 7%，但它栖居了一半的陆生物种。有位研究人员在巴拿马一片足球场大小的区域中发现了约 18 000 种甲虫。一片 25 个足球场大小的亚马孙雨林便包含 1 440 种树木，这个数字超过了北半球所有北方森林和温带森林的树木种类之和。

世界上 9 000 多个鸟类物种中，1/3 生活在亚马孙，而仅在秘鲁的马努国家公园——这片在最具非凡多样性的亚马孙雨林中也堪称多样性最高的区域，就生活着约 1 000 种鸟类。马努也是两栖动物的极乐世界，有着世界上最丰富的蛙类。马努哺乳动物的多样性从它的许多黏土舔食地可见一斑，这是一些有着暴露土地的林中空地。蜘蛛猴、西貒、大食蚁兽和许多其他哺乳动物，再加上鹦鹉，不分昼夜地造访这些矿物质绿洲，吃掉或舔

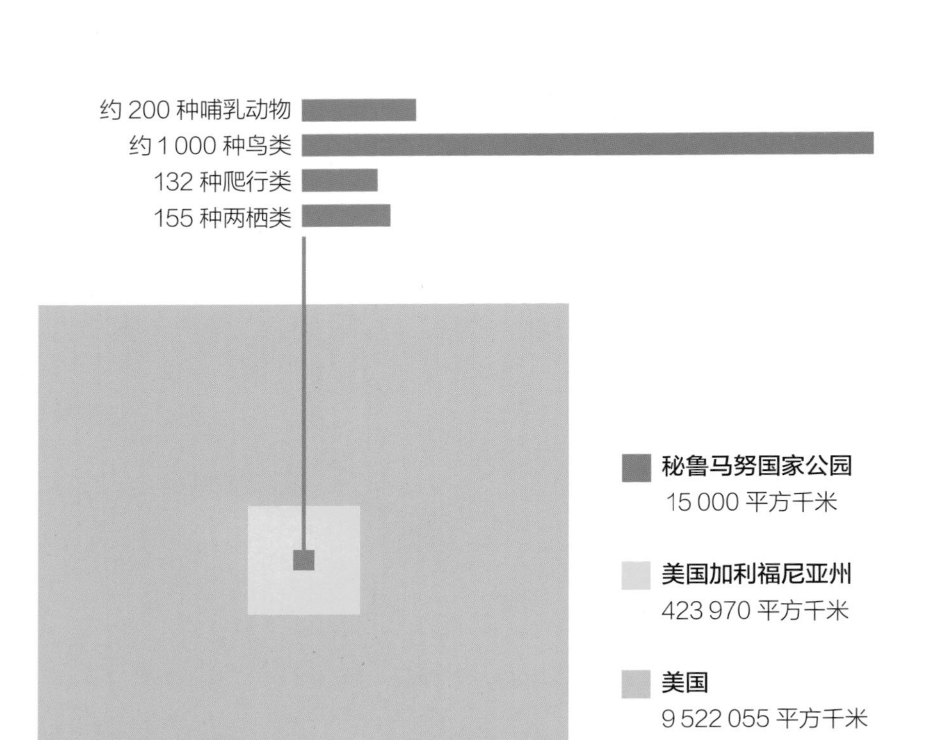

右图

秘鲁马努国家公园

面积不到加利福尼亚州的 1/28，但是这片雨林的鸟类物种数超过整个美国。

食黏土和析出的盐类，这些物质在它们的森林食谱中较为短缺。

没有人确切知道为什么几乎所有丛林都有着极高的生物多样性，相关的理论有很多：也许是因为热带的太阳输入了较高的能量；或许是它们年代久远；或者是没有季节变化使得许多相似的物种可以共同发展，而无须像热带以外的地区那样激烈竞争，在其他地区物种的繁殖期被限制在少数几个月中。

另一个尚未解决的问题是，所有这些物种的多样性和相互依赖对整个雨林而言究竟是力量之源还是弱点所在。这是否意味着我们拿走其中一部分，这个生态的纸牌屋就会坍塌？或者这种特点给予了系统更强的恢复力，当雨林系统遭受伐木者、气候变化、农民或火灾的攻击时，有更多的应对策略？

史密森环境研究中心的埃米特·达菲（Emmett Duffy）说，近期的研究支持恢复力理论。雨林拥有如此之多的物种，“更有可能的情况是，某些最适合某个局部环境的组合会繁荣生长”。

上图

造土者

喀麦隆诸多雨林真菌物种中的一种，它因能产生孢子的结构——子实体（fruiting body）而变得可见。它的主体位于下方的落叶层，通过降解有机物来摄取营养，这个过程有助于形成土壤，从而滋养雨林。一些真菌对于种子萌发和树木生长十分重要，能与树根相连并为其提供矿物和营养。可以说，没有真菌，雨林便无法存在。

204—205 页图

下地的猴子

在秘鲁马努国家公园外围，黑蜘蛛猴取食岸边暴露的盐。这样的“黏土舔食地”吸引着哺乳动物和鸟类，同时也吸引着捕食者。因此，这些生活在林冠的猴子处于高度警觉中。

云雾林——渺无人烟的秘境

在厄瓜多尔东部，被森林覆盖的萨查－扬格纳特斯（Sacha Llanganates）山永久性地笼罩在雾气中。由于无人居住且十分神秘，该处大多数区域从未从地面进行过地图绘制。但是，山岭的林冠之下隐藏着的是一片苔藓、兰花和其他植物的黄金圣地。

美国兰花猎人卢·乔斯特（Lou Jost）多年以来独自在这片云雾山区中探险，他说："云雾中的每一条山脊都有着自己的微气候和独有的兰花物种。"大多数兰花生长在树木的枝干上。"每一个物种似乎都适应了特定的雨、雾、风和温度的组合。"他说道。

厄瓜多尔安第斯山脉的森林是典型的云雾林，它们是地球上被探索得最少的生态系统类型。

这些被湿气浸透的森林覆盖了安第斯山脉、中美洲、印度尼西亚、喜马拉雅山，以及被称为"月亮山"的中非地区的山头。它们的覆盖面积可能不到 40 万平方千米，小于加利福尼亚州的面积，但它们是许多特有动物的家园，包括中非的山地大猩猩和安第斯山脉的眼镜熊。

虽然覆盖范围小，但是云雾林从空气中收集湿气的能力使得它们成为重要的"储水罐"，如果没有它们，多个处于低海拔河谷和低地的首都城市将会缺少自来水供应，比如洪都拉斯的特古西加尔巴（Tegucigalpa）和坦桑尼亚的达累斯萨拉姆（Dar es Salaam）。但是，云雾林面对气候变化时也更脆弱。更高的温度升高了云底（cloud base），森林只能通过一种方式来应对，即往山坡上退缩。但当它们退到山顶无路可去时，会发生什么呢？

上图　巴拿马云雾林中的树兰属（*Epidendrum*）兰花

> 作为地球上最大的生命物质实体，雨林的活动就像一个有生命和呼吸的生物体一样。雨林是许多东西的引擎，雨林关联着一切。

但这种恢复力也许存在极限。在许多地方，我们对雨林的侵害也许已经几乎将它们的恢复力击得粉碎。何处是极限，仍然是一个令人担忧的未知数。

热带雨林极高的生物多样性仅仅是其重要性的一个方面。作为地球上最大的生命物质实体，雨林的活动就像一个有生命和呼吸的生物体一样。雨林是许多东西的引擎，雨林关联着一切。

雨林吸入二氧化碳。二氧化碳、水和来自太阳的能量是植物进行光合作用的要素，这一基本的生物学过程批量生产植物物质。光合作用在湿润的热带雨林核心处进行得比其他任何一处都要快。通过消耗二氧化碳，雨林（实际上是所有森林）对于抑制大气中二氧化碳浓度的升高起着重要作用，正是这种升高导致了当今的气候变化。同时，森林呼出光合作用偶然的副产品——氧气，帮助把氧气浓度维持在我们能够呼吸的水平，但又不至于高到让整个地球自发燃烧。它们也释放其他气体，值得一提的是羟自由基，这种物质能净化空气中的污染物。因此，森林发挥着恒温器和空调系统的作用。

同样重要的是，雨林也是造雨者。落在雨林林冠上的雨水有多达 2/3 不能到达地面，它们会在热带的烈日下蒸发，这种蒸发使得雨林上方的空中形成了水蒸气的“悬河”。随后蒸汽凝结为新的雨云，维持雨林的下降气流并防止土地变成荒漠。空气穿越大片雨林区域时产生的降雨量是穿过没有什么植被的地区时的至少 2 倍。

气候建模师相信雨林的造雨能力可延伸数千千米。雨林的繁茂依赖持续的降雨，但降雨本身也需要雨林来维持。砍掉过多的树，降雨也会衰减。人类对雨林的侵害威胁了这些维持地球生命的系统。缺少了它们，这个星球的环境可能很快就变得面目全非，也不再适合我们生存。

让我们来详细了解雨林到底出了什么问题，以及我们如何在无法挽

208—209 页图

造雨

巴布亚新几内亚的新不列颠岛上的一大片雨林。从树木上蒸发的雾形成的云维持了森林的湿度，引起每天的倾盆大雨，滋养了喜湿的植物和动物，也滋养了树木，形成一个持续的循环。

印度尼西亚的阴燃问题

在苏门答腊岛和加里曼丹岛，大大小小的农场主都在放火清除森林以种植油棕。他们周期性地造成大型森林火灾，以致整个区域散布着致命烟霾，导致学校停课甚至飞机坠毁。在厄尔尼诺现象导致的干旱季节，火灾更为严重。

当火抵达两岛森林之下深厚的泥炭沼泽时，烟气变得尤其严重。沼泽会阴燃（没有明显火焰的一种缓慢燃烧现象）数月，向空气中释放出巨量的烟和二氧化碳，远超过树木燃烧所产生的。

2015 年秋季，印度尼西亚这个包括了苏门答腊岛和大部分加里曼丹岛的国家，有一段时间森林火灾使其每天释放到大气中的温室气体都超过了美国。

印度尼西亚政府已就关于结束非法伐木和林地清除做出重大声明。总统佐科 · 维多多（Joko Widodo）颁布了禁令，暂停清除一些被认为具有较高保存价值的森林。他希望未来的森林清除工作只集中在那些已经退化的森林。同时，他建立了一个机构，用以恢复被火灾破坏的泥炭地，用他的话说，“这样我们可以让世界相信，我们对于解决森林和泥炭地的破坏问题是非常认真严肃的”。

在这样一个包含了大约 1.7 万个岛屿的庞大群岛上，将许诺付诸实践将会很困难。到目前为止，切实发生改变的迹象很少。尽管有了上述承诺，2016 年印度尼西亚树木的损失数量又创了新高，但局势还是可以扭转的。

森林破坏并不是不可避免的。只要人们愿意，法制可以在最偏远的丛林生效。巴西，特别是在前总统卢拉（Lula）的领导下，曾经很好地践行了这一点，他们在 10 多年前曾取缔了毁林。

回之前扭转局面。我们从印度尼西亚开始，那里的丛林比其他地方破坏得更快。

几千年来，印度尼西亚巨大的苏门答腊岛一直是个丛林世界，人们在不破坏森林的情况下收获其产品。他们用藤条制作家具，从蜂巢中获取蜂蜜，砍伐林木来建造房屋，在林中空地栽培作物。过去的一个世纪里，那些商业砍伐者只砍伐了少量的树，绝大部分森林是完好的，用世界自然基金会的话说，这是“与保护兼容的”。

但是过去30多年里苏门答腊岛上发生的清除式砍伐就不一样了。没有其他地方比这里的森林清除得更快。自1985年以来，苏门答腊岛的森林覆盖面积至少损失了一半。 数千平方千米的浓密丛林被砍伐，用来满足两家相互竞争的印度尼西亚寡头企业拥有的两家世界最大的纸浆厂。这些纸浆厂每年消耗大约200万吨木材，纸浆被用来生产供给全球的打印纸。当树木被砍光后，多数土地就被转让给棕榈油生产商。

除非停止这种破坏并开始恢复，否则一些迷人的物种，比如土著的苏门答腊犀、苏门答腊虎、两种红毛猩猩，以及这个岛上巽他云豹的小种群，都将会遭受灭顶之灾。最后仅存的云豹过着独居的生活，悄然在森林中穿梭并寻找猎物。它们也利用林冠，这使得它们成为可能是世界上最大的林冠捕食者。

毗邻的加里曼丹岛上的情况也没有好多少，它的丛林是世界上最古老的丛林之一，有超过1.3亿年的历史。直到最近的20世纪70年代，这个岛3/4的面积还被森林覆盖着，而今天岛上1/3的森林已经消失，这主要是对珍贵硬木的采伐所致。

采伐主宰了当地的经济。在中加里曼丹——加里曼丹岛上最偏远的森林地区，当地的电话黄页记录的锯木厂数量是出租车公司的6倍。结果是这个岛的森林覆盖率已经低于50%，许多原始的森林区域被极为广阔的油棕所替代，消失的森林面积相当于整个希腊。

这两个岛上最著名的居民是红毛猩猩，苏门答腊岛有两个种，加里曼丹岛有一个。这些拥有高度智慧的灵长类动物的习性和文化吸引着研究人员，因为它们与我们是如此相像。它们的每一个族群都有着自己独特的生活方式，由母亲们代代相传。一些红毛猩猩会教它们的下一代使用细枝从蜂巢挖取蜂蜜或从蚁巢中掏出蚂蚁。

左页图

一只幼年婆罗洲红毛猩猩（*Pongo pygmaeus*）处在清除森林的林火导致的烟气中，摄于加里曼丹岛的印度尼西亚部分。

212—213页图

新发现的近亲

一只雄性达班努里红毛猩猩与一只幼年雌性猩猩在它们雨林中的避难所向下观望，摄于苏门答腊岛巴唐托鲁（Batang Toru）。它们直到最近才被认为是红毛猩猩的第三个物种，仅在这一个森林区域被发现。这种红毛猩猩有着比苏门答腊红毛猩猩或婆罗洲红毛猩猩更为卷曲的毛发，雄性也有更突出的髭以及扁平的颊缘，较年长的雌性有胡须。崎岖的地形保护它们远离最大的威胁——为种植油棕而进行的雨林清除。但现在，一项水电工程计划建造在这个红毛猩猩密度最高的区域，可能会使这个物种成为全世界最濒危的大猿。

> 目前岛上接近 2/3 的区域还是森林，这使得新几内亚岛成为地球上第三大的拥有连续雨林的区域。

一些族群会使用叶片当作手套以防止被刺伤。它们喜欢玩乐，就像人类小孩在假日露营时所做的一样，一些红毛猩猩会吹叶片来发出尖厉的声音，或者挽住树藤像“泰山”（Tarzan）一样荡过河流。现在这些生活方式岌岌可危。

直到最近，新几内亚岛的森林破坏才变得严重起来。目前岛上接近 2/3 的区域还是森林，这使得新几内亚岛成为地球上第三大的拥有连续雨林的区域，仅次于亚马孙和刚果盆地。但是伐木在增加，油棕公司在迁入。许多公司榨干了苏门答腊岛和加里曼丹岛的森林后变得富有，这通常还能得到政府的鼓励，但现在他们需要新的森林和新的土地来维持生意。

亚马孙雨林是否已经准备好恢复了？在经历了过去半个世纪的森林破坏后，问出这样的问题似乎是疯狂的。曾经一段时间里它是不法的边境，牧场主和大豆种植者从东部和南部向这片世界上最大的雨林推进。但是世界自然基金会前任总裁约兰达·卡卡巴德（Yolanda Kakabadse）说，“亚马孙大多数地区的生态状况仍然良好”。670 万平方千米左右的丛林还保留着，其中包含了 4 000 亿棵树。同时，巴西森林破坏的高峰似乎已经过去。

今天巴西的国家公园保护得较好；巴西政府对于会引起森林破坏的产品——牛肉、大豆和皮革等的交易，制定了相关法律；385 个土著群体中的许多被授予了更多权力，以管控对他们居住地的进入。2004—2016 年，巴西亚马孙每年森林破坏的速率降低了 70%。

但是压力仍然存在。世界上最大的雨林面临着被切割成碎片的风险，风险来自采矿、道路，以及计划建设在亚马孙河及其支流的更多的水力发电站。

碎片化会影响生物多样性。简单来说，由多个较小的森林碎片组成的区域的物种多样性小于同等面积的一整个连续区域的。当碎片变得太小以致捕猎或觅食出现困难时，灵长类动物、植食性哺乳动物和鸟类受到的影响最大。同时还存在“边缘效应”——在碎片化的森林中，没有地方属于

左页图 · 上

富足的展示

雄性阿法六线风鸟（图下方）在为对它感兴趣的雌鸟进行芭蕾式表演。它在合适的栖木下清理出一片舞池，这根栖木上潜在的配偶可以从上往下观看它的表演——黑色斗篷的旋转令人目眩，衬托出闪亮的羽毛组成的项圈。如果雌鸟选择了它，它们将拥有一段持续数秒的爱情。雌鸟可以接受做单亲妈妈，而雄鸟也能花大量时间准备自己的舞台，因为在它们生活的新几内亚岛的雨林，生活是如此容易，一年到头都有食物供应。在这个进化的天堂，法则是“最性感者生存”。

左页图 · 下

华丽的变形

鸟头半岛（Vogelkop）的一只雄性华美极乐鸟在雌鸟接近时展开它的斗篷。它的羽毛具有特殊结构，因而显得乌黑，衬托出闪闪发光的盾形羽毛和假眼。

简单来说，由多个较小的森林碎片组成的区域的物种多样性小于同等面积的一整个连续区域的。

右页图

政策的分界

2016 年危地马拉和伯利兹边界的卫星照片，显示了当政府土地政策存在巨大差别时不同的效果。左边是危地马拉的农田，跨过边界，右边便是伯利兹茂密的森林。这样的陆地卫星图像显示，1991—2014 年，危地马拉的森林减少了 32%，而伯利兹仅减少了 11%。

森林深处，更多的地方处于边缘，会有更大的风、更干的气候，也更容易被周围生境的物种入侵，当然，入侵物种包括人类。

生态恢复首要的工作是重新将森林碎片连接起来，使衰退的森林得以恢复。除此之外，我们还需要保护尚存的广阔林区，它们是种子和物种的来源，能帮助森林恢复。但是这在已经被过度使用的土地上能实现吗？比如幸存的亚马孙雨林边缘那些被牧场主和大豆种植者密集占据的区域。这并非毫无希望。

首先要记住的一点是，仍有不少森林可供复原。即使森林被伐木者和农民弄得严重衰退，物种的种群规模大幅减少，但物种的种类很大程度上得到了保存。举例来说，萨尔瓦多损失了超过 90% 的森林，但它的 508 种鸟类仅消失了 3 种。与之相似的是，加里曼丹岛的马来西亚部分有 80% 的森林被砍伐——通常被砍伐了很多次，但即使在砍伐区，大多数森林物种还幸存着。

有希望的第二个原因是，你不必通过砍伐森林来获得经济利益。当人们发现森林的价值后，会去主动保护它们。

巴西已经在亚马孙创建了许多大型采集保护区，这些区域被地方团体所保护，他们能采收森林产品，比如巴西栗和来自天然橡胶树的天然乳胶。保护区现在的面积有英格兰大小。

蔡可·门第斯（Chico Mendes）的工作值得纪念。这位来自亚马孙西部的割胶工倡导建立这样的保护区来保护森林，这个倡议在 20 世纪 80 年代被西方的环保群体所采纳。不幸的是，他于 1988 年被一个地方牧场主暗杀。

亚马孙给我们上了重要的一课，通常被丑化为森林破坏者的当地人能成为最好的捍卫者。亚马孙的卫星图像清楚地显示，被割胶工和土著社区控制的保护区通常是繁茂森林的海洋。因此，如果这些人是森林残余部分的救助者，那么他们也许是最可能开始下一步行动，也就是进行“生态大恢复”的人。

> 也许对亚马孙和其他雨林的再生潜力保持乐观的最深远原因，是雨林曾从人类的破坏中恢复过。

左页图

本地树木的苗圃

欣古河流域的一个年轻土著在检查幼苗，这些幼苗是由他所在的群体在巴西马托格罗索州的欣古土著公园采集的。由巴西慈善机构管理、欧洲资助者支持的苗圃，将幼苗卖给土地所有者，以供他们在毁林区域重新种植。这是让巴西处于困境中的森林重生的倡议的一部分。

欣古河（Xingu River）河谷的证据显示，当地人也许已经在做生态恢复了。欣古河是浩瀚的亚马孙河最大的支流之一。过去的1/4世纪，在它长长的、面积跟英国相仿的河谷中，牧场主和大豆种植者造成了世界上最快的森林破坏率。结果是河水日渐干涸，鱼也从河流中消失了。

受破坏最严重的地方之一是位于马托格罗索州的河流源头的欣古土著公园（Xingu Indigenous Park），那里生活着超过12个土著群体。居民们决定做些什么。通过与巴西和国际组织合作，公园里400位左右的土著妇女采集森林的种子。她们把种子卖给毁林地区的土地所有者，后者则开始恢复森林，以遵守巴西的《森林法》并保护他们的水供应。

这个工程把种子散播出去以模仿自然再生，旨在恢复多达3 000平方千米的森林，建立起美国的非政府组织——美国环保协会（Environmental Defense Fund）所称的“世界上最大的连续的热带雨林走廊”。这是一个罕见的牧场主与土著居民合作保护并捍卫他们共同土地的例子。随着这种理念的传播，新的种子网络在亚马孙建立起来。这可能是亚马孙有组织的雨林恢复的第一个信号。

也许对亚马孙和其他雨林的再生潜力保持乐观的最深远原因，是雨林曾从人类的破坏中恢复过。举例来说，亚马孙盆地在欧洲人抵达美洲之前人口已相当稠密。第一批西班牙征服者记录了河边所有城市的编年史，但由于当地人口因疾病和战争大批死亡，这些城市很快变空，随后丛林很快拿回了自己的地盘。丛林的重新回归是如此彻底，以至于生态学家误把再生林当作原始森林。查尔斯·达尔文乘坐贝格尔号（小猎犬号）航行的旅途中，将一些丛林描述为“未被人类之手玷污的原始森林”，而实际上完全不是这样，这些丛林是重新长出来的。

亚马孙和其他一些地区的丛林土壤中含有“暗色土”（dark earths），这是一种原始的林地覆盖物，由生活废弃物与烧过的木头混合而成。它们也通常含有很多陶器，这说明它们毫无疑问是人造的。这些改良过的小块土壤至少覆盖了1%的亚马孙盆地，而这些地方原本应该覆盖着薄薄的森林

以巴拿马为例，根据史密森热带研究所的估算，自然雨林每年减少 1.3%，而先前曾是森林的土地每年有 4% 的部分开始恢复。

土壤。现在当地农民认为这种暗色土非常重要，但它们的起源几乎被遗忘。

其他丛林在可能曾是原始排水系统或堤道的土方上重新生长。考古学家发现，中美洲的玛雅文明、东南亚的吴哥窟城市文明以及贝宁等西非古老复杂的社会，都大规模清除过森林。大约 1 500 年前，刚果大多数地区为了种植作物、生产木炭、熔炼金属而清除了森林。多亏了森林的再生，这些遗迹今天都埋藏在了初看像是原始丛林的地方。

所有这些例子都证明了大自然过去具有恢复自身野性的能力，但这不只是历史而已。今天，在那些伐木工离开、养牛草场丧失肥力或农民离开前往城市的地方，森林在以相同的方式重生。

以巴拿马为例，根据史密森热带研究所的估算，自然雨林每年减少 1.3%，而先前曾是森林的土地每年有 4% 的部分开始恢复。当喀麦隆中部的农民离开他们的土地后，“森林很快就回归了”，爱丁堡大学的埃德·米查德（Ed Mitchard）说道。不到 20 年，新的树木便长到了 30 米高，完整的林冠重新形成。

联合国的数据指出，在任何时间，全世界都有一片面积等同于澳大利亚的次生雨林在恢复。新的旷野出现并遮蔽了土地，吸引了野生动物的回归，固定住空气中的碳——而我们很容易忘记这一点。毁林通常是突然的，而且从卫星图像上很容易看到；但是自然森林复苏需要时间，这一点可能会被忽视。

确实，重新恢复而来的森林需要更长的时间才能提供全部种类的生境，包括巨大的老树生境。一些物种也许不会再回来，因为它们已经灭绝或者被隔离在重生的森林之外。一旦被隔开，曾经使森林拥有强大恢复力的物种间的关系也许很难再重新产生。但是自然在重建。许多我们今天认为是原始雨林的地方，其实是从过去的人类占有中恢复的次生雨林。而这种恢复在一个拥挤的世界还有多少能实现呢？

“生态大恢复”将会发生在一个有 90 亿、100 亿或是 110 亿人口的世

界。尽管我们通过高科技农业革命尽量最大化了农田的产出，但我们是否真的有足够的土地去重建巨型森林？我们应当实事求是。

在一些地方，我们必须重建大型森林，如果我们想要保留森林中的大型生物的话。但一种“并行策略”是创造空间使小规模森林和人类共同发展。我们需要与大自然更好地共享土地。

同样，这种策略也并非新鲜事。数千年来，非洲的象、水牛、长颈鹿和狮子成功地生活在养牛的人类社会周边，否则它们将没法幸存下来。有许多高产的现代农业系统与周边的雨林共存，其中包括印度尼西亚的橡胶园、喀麦隆的可可农场，以及亚洲和非洲种植水稻的小块农田。

农业和森林的对抗往往是农业获胜，但在热带国家，森林和小块的林地能够也确实形成了农业景观中的多产部分。农林复合系统能提供木材，形成宝贵的荫蔽，在洪水中保护分水岭，提供其他免费的大自然服务（比如传粉），也能为家畜提供替代性饲料并使土壤肥沃。农林复合系统本身

上图

森林重生纪念碑

墨西哥东南部雨林中耸立的金字塔形坟墓废墟。这是公元 7 世纪玛雅“蛇之王朝”的首都卡拉克穆尔城的一部分。可能是由旱灾和战争共同带来的城市衰落，见证了森林的重生。

丛林比自然的其他部分更能提醒我们需要与我们的星球和平相处。它们的未来将考验我们对自然实施宏大恢复的决心。

包含着自然的部分，能提供大型动物的迁徙通道。澳大利亚莫纳什大学的克里斯蒂安·库尔（Christian Kull）说，这样的系统“模糊了人造的和自然的、土著的和非土著的、生产和保护等方面的界限”。它们不是广阔自然环境的替代，但是它们有助于维持自然环境，这对人类和地球都是有好处的。

因此，乐观主义有它的基础，如果我们有意愿，我们能恢复丛林和栖居其中的物种。造成毁林的一些驱动因素正丧失力量。非洲以外的出生率正快速下跌——巴西平均每个妇女现在仅有 1.8 个孩子，这个数字在印度尼西亚为 2.1。在许多西方国家，消费者正在改变他们的习惯，一些人吃更少的肉，并要求木制产品有未破坏雨林的认证。

在消费者和选民的压力下，政府和企业保证要从破坏森林转变到重新造林。保护丛林的全球行动有：森林管理委员会（Forest Stewardship Council）对收获木材的可持续性的认证；建立旨在阻止森林损失的工业标准，比如棕榈油可持续发展圆桌会议（Roundtable on Sustainable Palm Oil，简称 RSPO）制定的相关标准，这些标准现在已经覆盖了全球超过 1/5 的棕榈油生产。没有任何一种方式能完美运行，但所有这些行动都能为全球雨林的恢复添砖加瓦。

需要彻底改变的是我们对巨大丛林的态度以及政府的政策。

我们人类从丛林而来。我们统治这个星球的伟大征程，从我们爬下树木、跑过草原开始。因此也许毫不意外，在我们集体记忆的某处，丛林仍然保有一席之地。但是不论遥远历史的真相是什么，丛林比自然的其他部分更能提醒我们需要与我们的星球和平相处。它们的未来将考验我们对自然实施宏大恢复的决心。

左页图

马桶上的亲密关系

加里曼丹岛京那巴鲁山，一只山树鼩（*Tupaia montana*）在劳氏猪笼草上舔食营养丰富的蜜腺分泌物。这种猪笼草的结构是如此特殊，如果山树鼩想要舔到上方笼盖里的美食，就必须要把屁股对着下方“特殊设计过的马桶”。山树鼩在取食时，排便到下方的笼中，为笼内的液体增加氮元素。在这个奇特的交换过程中，每个物种都向对方提供了在它们共享的山地生境中所缺乏的营养物。

224—225 页图

欧石楠森林

非洲中部卢旺达的山坡上一片通常被云雾笼罩的森林，它由巨型欧石楠树组成，其中一些树接近 20 米高。它们的枝干覆满苔藓和地钱，因雾气和雨水而保持湿润。

近海

多彩的边界生活

“我们认为地球表面约有 7/10 是海洋，但是如果考虑到深度这个第三维的尺度，海洋就占据了世界上 97% 的可栖居空间。海洋彻底主宰着生命。它们驱动着气候、哺育了数百万人，还是重要的贸易通道，但现在它们处在麻烦之中。数亿吨的海洋生物被清除，同时数亿吨垃圾被倾倒在海洋中。气候变化改变着海洋系统，随后影响大气和陆地。珊瑚礁也损失严重。我们能做些什么？首先，我们要支持全球海洋保护区网络覆盖 30% 的海洋——这是恢复我们星球的蓝色心脏的关键步骤。”

——卡勒姆·罗伯茨（Callum Roberts）教授

海洋生物保护学家，海洋学家，获奖作家

珊瑚礁仅覆盖了全世界海洋 1/1 000 的面积，却是大约 1/4 的海洋生物的家园，并被许多人认为是生物多样性最高的生态系统之一。

226 页图

冠层生活

一只幼年加州海狮正在加利福尼亚州圣巴巴拉岛不远处的巨藻森林的冠层中休息。

228—229 页图

丰饶的潟湖

法属波利尼西亚莫雷阿岛（Mo'orea Island）潟湖的黑边鳍真鲨和魟鱼。它们受到保护，禁止商业捕捞。有一座珊瑚礁保护着这个岛，使其能抵御来自风暴的冲击，珊瑚礁足够健康，能承受住近期的气旋、海星入侵和季节性的海水过暖。

右页图

珊瑚宝藏

印度尼西亚西巴布亚省拉贾安帕群岛米苏尔岛周边的珊瑚礁宝藏一瞥。软珊瑚、黑珊瑚、柳珊瑚和海绵构成了许多珊瑚鱼类的背景，这些鱼类包括玻璃鱼、石斑鱼、熊猫蝶和条纹叉鼻鲀（map puffer）。珊瑚礁是大约 1/4 的海洋生物的家园。

232—233 页图

软珊瑚床

南非东部的岩石海岸，一只普通章鱼（*Octopus vulgaris*）游过软珊瑚床。这个丰富的生态系统受阿尔哥亚湾（Algoa Bay）的保护，从而免受强烈的波浪运动影响，海绵生活在这里的皮革珊瑚和鬼手珊瑚之间。

鲨鱼在礁上巡弋。数百条鲨鱼在温暖的热带海水中游荡着，与多彩的鱼群玩着捉迷藏的游戏，这是珊瑚礁这个复杂的有机结构中炫目的死亡之舞。珊瑚之下，蠕虫和腹足动物、帽贝和海螺、海葵和海绵、螃蟹和海参在觅食或者被吃掉，在这片海洋的黄金国中进行着营养物的循环。这一切常常发生在水面下数米之内，热带的阳光能够穿透并照亮这个画面。欢迎来到这个星球上最富饶、生物最多样的生态系统之一。

珊瑚礁围着热带岛屿并顺着海岸生长，紧靠着浅潟湖。它们是世界上最大的活体结构。澳大利亚附近的大堡礁长 2 000 多千米，在月球上肉眼可见。珊瑚礁的物种丰富程度可以媲美陆地上的雨林，许多珊瑚礁也同雨林一样古老。

珊瑚礁由微小的软体珊瑚动物的庞大群体组成，这些生物与海葵是近亲。每只珊瑚虫都会分泌一个杯形的外骨骼，然后数以十亿计的骨骼融合在一起便形成了礁体。它们与一种被称为虫黄藻的藻类之间建立精妙关系，从而兴旺成长。虫黄藻生活在每一只珊瑚虫的体内，给这种原本透明的生物赋予了颜色。作为提供居所的回报，这种藻类为珊瑚虫提供了绝大部分营养，以满足后者的生存和骨骼建造所需。

这种关系是这个丰富的生态系统的基础。珊瑚礁的角落和缝隙里时刻发生着海洋猎手和猎物间的斗争。瘿蟹（Gall crab）做到了极致——它让珊瑚绕其生长，仅留下一个小口用来取食黏液和碎屑。但是捕食者有它们自己的策略：海鳝隐藏起来，等着食物游过；其他捕食者伪装自身，融入珊瑚礁，抓捕路过的猎物。许多鱼类啃食珊瑚虫本身；鹦鹉鱼甚至会吸出藻类，并用牙齿将珊瑚骨骼碾碎，这为附近岛屿上常见的白色珊瑚沙海滩提供了原料。啃食对于维持珊瑚礁的健康十分重要，否则它们会被入侵的藻类压倒，但是这类牧食者的数量又需要被石斑鱼、隆头鱼和不停巡游的鲨鱼等大型捕食性鱼类控制。

珊瑚礁大多分布在热带水域，从加勒比海到东非海岸，从印度洋和太

平洋的环礁到广阔的东南亚横跨 6 个国家的“珊瑚礁三角区”。珊瑚礁仅覆盖了全世界海洋 1/1 000 的面积，却是大约 1/4 的海洋生物的家园，并被许多人认为是生物多样性最高的生态系统之一——有些甚至比热带雨林还要高。

大多数珊瑚礁呈平台状生长，从海岸延伸到浅水区。但另外一种被称为环礁的珊瑚礁，在较远的海上以环状生长，向下延伸到洋底。暖水珊瑚礁需要靠近水体表面才能获得足够光照以进行光合作用，所以环礁的形成一度是个谜。直到查尔斯·达尔文指出环礁生长在水下山岭之上，这个谜才被破解。他认为，珊瑚最初形成的时候这些山岭还接近水面，随后珊瑚持续生长数百万年，以赶上海浪侵蚀山岭的步伐。

这样的珊瑚环礁会非常厚并且极其古老，太平洋马绍尔群岛的埃内韦塔克（Enewetak）环礁向下延伸超过 1 千米。数万亿只珊瑚虫超过 6 000 万年的分泌物似乎是坚不可摧的——在 20 世纪 40 年代和 50 年代的冷战时期，美国在此处的潟湖中进行了一系列核爆试验，但大多数环礁仍幸存了下来。

珊瑚礁代表了海洋生物多样性的巅峰，但它们是更广阔的近岸生态系统网络的一部分，而这些生态系统合在一起支撑着更辽阔海洋中的生命。近岸生态系统包括海草草甸、巨藻森林和红树林沼泽等，缺少它们的话，海洋生命会难以在海岸线生存，因为这里会被波浪、潮汐、风暴以及风和水的旋涡反复击打。但是一旦这些生态系统建立起来，就为生物提供了取食、繁殖和生长的地方，同时生物残骸中的营养成分可以在此进入循环。这些生态系统也保护着海岸本身。

热带的许多海岸线边缘都长有红树林。乍一看，这种生长在热带海岸和河口的植物也许毫不起眼，只是浅而浑浊的泥质潮水中一片杂乱短粗的树丛。但是由于良好的耐盐性，它们可以生活在很少有其他植物能生长的地方。同时，红树林就像珊瑚礁一样，栖居着惊人数量的野生生物种类。

在水面之上，红树林的枝条上满是在此停息、筑巢或取食的鸟类；在水面之下，它们根部缠结，使自身得以在波浪和水流的持续冲击下保持直立，根部栖居着海绵、蠕虫、软体动物、藻类、虾、海马，以及在此躲避较大鱼类和鳄鱼捕食的幼鱼。

左页图

马尔代夫环礁山脉

马尔代夫的典型环礁。22 个环礁（围绕着 120 多个岛的环状珊瑚礁）形成在印度洋中火山山脉的尖顶之上。2015—2016 年，厄尔尼诺事件带来的温暖表层海水导致了严重的珊瑚白化。后来多数珊瑚已经恢复，但气候变化带来的温度升高和海平面上升仍威胁着这些环礁。

236—237 页图

红树林里的海边小溪

一条穿过印度尼西亚拉贾安帕群岛的小溪。由于潮汐反复流经耐盐红树林的根部，沉积物被截留下来，累积起淤泥层的同时保留了浅浅的潮汐通道，这里成为海绵和海扇珊瑚的完美栖息地。在作为鱼类育儿所的同时，红树林的边缘还可以保护海岸免受侵蚀和风暴冲击，特别是在热带气旋到来的时候。

上图

海草牧食者

印度尼西亚拉贾安帕群岛米苏尔岛不远处的海湾，一只绿海龟在海草上牧食，后面的黑边鳍真鲨正在搜寻小鱼和其他海洋生物。这个海湾曾经是采集鱼翅的营地，而现在成了一个丰饶的海洋保护区的一部分，这个转变还不到 10 年。海草为许多鱼类和其他物种提供食物、栖息地和育儿所，同时稳定海床、过滤污染物。海草植物离不开光照，因此需要清澈的水体来生长，流入海洋的沉积物以及农业污染物等陆地污染物引起的水华，都可能导致海草被“闷死”。

据估计，超过 3 000 种鱼类（接近已知鱼类物种数的 1/10）利用了红树林系统。许多珊瑚礁鱼类利用红树林作为重要的繁育基地，幼鱼长大后才移居到珊瑚礁开始它们的成年生活。比如，昆士兰的红树林帮助供养了近岸的珊瑚礁鱼类。

水上和水下的生命以预期之外的方式融合。红树林栖居着一些少见的会爬树的螃蟹，它们可以借此躲避海洋中的捕食者，同时又能尽情食用树叶。弹涂鱼可以脱离水体呼吸，还可以在淤泥上取食并进行社会性活动。

红树林生长在热带海岸线、河流三角洲、河口和潮沟周边。最大的红树林区横跨恒河三角洲，跨越印度和孟加拉国，它被称为孙德尔本斯（Sundarbans），是孟加拉虎和它们沼泽地里的猎物以及鳄鱼的家园。

对人类来说，未受损伤的红树林也是海洋食物的丰富来源。菲律宾 1 平方千米的红树林每年能产出 40 吨鱼、虾、蟹、软体动物和海参。同样重要的是，红树林能保护近岸群落不受海洋暴力的侵扰：它们缠结的根部吸收了来自风暴浪的能量，捕获了沉积物，防止海岸被侵蚀；水面之上，

> 近岸生态系统占据着陆地和海洋的丰饶边界，为世界贡献了 80% 以上的海洋鱼类物种和 90% 的海洋鱼类捕捞量。

红树林浓密的树叶抵御了吹向岸边的暴风。

1999 年，一场飓风席卷了印度奥里萨邦沿岸，导致至少 1 万人丧生。研究人员随后将死亡人数如此之高归因于这个邦为了养虾业而清除了大多数红树林。与之形成对比的是，红树林被认为在 2004 年侵袭印度洋沿岸的巨型海啸中拯救了数以千计的生命。

红树林和珊瑚礁大多数局限于热带，海草的分布则更为广泛，它们从东南亚岛屿到地中海都有出现，向北可达冰岛，向南可达新西兰。这些近海的草甸富含鱼类和其他海洋生物。佛罗里达州拥有世界上最大的海草展布区，那里 1 万平方米的海草可以包含 10 万条鱼。

浓密的草甸也是海龟、儒艮和它们的近亲——海牛的家园。这些受人喜爱的海牛几乎只在海草上牧食，是极少有的草食性海洋哺乳动物。海牛和其他牧食者又会吸引食肉动物，后者通过“决定谁生谁死”来控制生态系统。佛罗里达州的海岸生活着短吻鳄和宽吻海豚。海豚会搅动海草周围的沉积物，把鱼赶进它们的行进路线。在西澳大利亚州的鲨鱼湾，虎鲨的捕食能控制牧食者的数量，使生态系统保持平衡。

近岸生态系统占据着陆地和海洋的丰饶边界，为世界贡献了 80% 以上的海洋鱼类物种和 90% 的海洋鱼类捕捞量。但这还能持续多久？现在各处的近岸生态系统都受到人类沿岸发展带来的威胁，从小船坞到公寓，从高尔夫球场到炼油厂，无不威胁着这一切。同时，不可持续性的捕鱼业也是一大威胁。

数千年来，人类在珊瑚礁捕鱼时一般不会去故意破坏它们，但是渔网和错放的船锚会导致不可逆的破坏，而且现在一些地方的少数渔民会用炸药炸毁珊瑚礁来捕杀鱼类。另一些地方，特别是在印度尼西亚和菲律宾的珊瑚礁，为了获取活鱼以卖到水族馆或餐馆，渔民用氰化物把鱼药晕，食客随后可以在水箱中进行挑选。数以万计的鱼每年以这种方式被捕捞，以

240—241 页图

夜间的猎食盛宴

法属波利尼西亚法卡拉瓦环礁，夜间猎食的灰礁鲨（*Carcharhinus amblyrhynchos*）聚集成群，疯狂捕食隐藏在珊瑚中的小型鱼类。2006 年，除了维持生计性质的捕鱼外，这片环礁水域的任何渔业活动都被禁止了。今天，这里有着世界上数量最多的灰礁鲨。如此多的鲨鱼依赖在此处大量聚集的石斑鱼和其他鱼类，这些鱼类冬季到此产卵，它们同样也受到保护，不允许捕捞。

温暖的海水与珊瑚白化

保护近岸生态系统会带来巨大的好处，不论是对自然还是对生活在其中的人类。但这种保护只有在全球性威胁特别是气候变化问题被解决之后才会真正起作用。

当世界海洋水体变暖后，珊瑚礁特别容易受到伤害。它们可以适应季节性温度变化和厄尔尼诺等自然循环，但额外的升温将会超过它们的承受极限。如果水温上升超过正常温度 1—2 摄氏度并持续较长时间，藻类就会从它们生长的珊瑚群落中被“驱逐”出去。

随之而来的珊瑚白化，也就是之前由于藻类而呈色的珊瑚礁变白，是引人注目的。此时珊瑚仍然活着，但更容易受侵蚀的影响。如果藻类不能在几周内回归，珊瑚将会饥饿至死。

曾经，珊瑚白化是罕见的事件，而且持续时间短，但是这种现象近年来成了反复发作的流行病。2016 年，全球创纪录的温度和太平洋厄尔尼诺温暖事件重合，珊瑚白化首次几乎在全球范围出现，大堡礁北部的部分区域有超过 50% 的珊瑚礁变白。

珊瑚礁是这个星球上第一个由于气候变化而遭到广泛伤害的重要生态系统。按当前的温度趋势，大多数珊瑚礁到 2050 年会消亡。气候变化还会带来海洋酸化——导致大气变暖的过量二氧化碳有许多溶解到海洋中，使其酸性略微增强。额外的酸度溶解了碳酸钙，这是组成许多珊瑚礁生物（包括珊瑚体本身）的壳和骨骼的物质。一些研究发现，珊瑚骨骼形成的速率也许已经减慢了高达 40%。

上图　距昆士兰不远处的大堡礁北部已经死亡的和正在死亡的珊瑚，这是异常温暖的海水所致。

> 秘鲁近海是生物生产力最高的区域之一。

满足活鱼交易，但是氰化物也会杀死珊瑚和它们内部的藻类。据推算，每通过这种方式捕捞 1 条鱼便意味着 1 平方米珊瑚礁的消失。

还有更为微妙的威胁——渔业会扰乱珊瑚礁生物相互竞争所维持的自然平衡。过去 30 年中，棘冠海星取食大堡礁珊瑚的速度比珊瑚重新生长的速度更快了。这一方面是因为农业排放带来的大量营养物质对珊瑚的影响，但另一个可能的原因是人们大量捕捞取食海星的珊瑚鱼类，从而使得海星能自由生长。

珊瑚礁还面临着别的威胁，这些威胁来自船锚以及寻找纪念品和寻求廉价建筑材料的人。此外，污水排放以及疏浚和毁林带来的淤泥都会使珊瑚窒息，阻隔共生藻类所需的阳光。海洋中的塑料越来越多地挂在珊瑚礁上，这通常会带来或滋生珊瑚疾病。

总的来说，从 20 世纪 80 年代开始，有大约一半的热带珊瑚礁已经消失，剩下的许多也由于污染或过度捕捞而退化。海草已经开始加速消失，可能已消失了 1/4，这很大程度是因为排入河流的农业污水所带来的营养物涌入。同时，世界上有大约 1/5 的红树林在过去 30 年里消失，这些红树林让位给近岸区域的开发，为养虾业提供场地。这些近岸生态系统中的许多都是小型鱼类的育儿所，它们的消失使得广海渔业的压力不断增大。

自然近岸区域的富足以多种令人意想不到的形式呈现着。以鸟粪为例，它们在南美洲秘鲁近海处的太平洋岛屿上大量堆积，这些排泄物（鸟粪石）能累积到超过 30 米厚。秘鲁鸬鹚、鲣鸟和鹈鹕等海鸟在岩石上大量筑巢。在 19 世纪，它们富含氮的鸟粪石被大量开采，这是世界上肥料的最大来源之一。尽管化肥此后已经成为主流，但这里的开采今天仍在继续，以满足全球的有机肥需求。

但为什么这些鸟类选择在此筑巢？是什么原因让它们不停地回到这里？毕竟，临近此处的海岸上的陆地是世界上最干燥的沙漠。

它们聚集至此是因为不远处的海洋是世界上生物生产力最高的区域之一。沿着大陆边缘从深处上涌的冷水被称为洪堡洋流，它携带着来自海底的营养物。当这些营养物上升到透光水体后，浮游植物（藻类）大量生长。

244—245 页图

海鸟粪的主人

秘鲁沙漠海岸的蓬塔圣胡安（Punta San Juan）海鸟粪保护区，一群可能多达 50 万只的秘鲁鸬鹚。它们的生存完全依赖沿岸洪堡洋流的冷水中的鱼类，特别是秘鲁鳀鱼的巨型鱼群以及银汉鱼和杜父鱼。如果水温变化或过度捕捞导致鳀鱼的数量崩溃式下跌，鸬鹚的数量也会随之锐减。今天，仍有 250 万—500 万只鸬鹚沿着秘鲁和智利北部的海岸生活，但在 20 世纪 50 年代，这个数字超过 2 000 万。

植物的繁盛吸引了牧食动物，而牧食动物又吸引了捕食性动物。随之产生的丰富的近岸生态系统包括了鳀鱼、鲭鱼和沙丁鱼的巨型鱼群。鸟类喜欢这些鱼群，人类也一样。这一小片区域在某些年份供应了全球所有网捕鱼量的 1/10。

海洋是我们最后的大型捕猎场。虽然已经有至少 30% 的鱼类群落被过度捕捞，但我们仍能满载而归。渔业提供了工作机会，还为数亿人提供了蛋白质。如果能以恰当的方式管理渔业，如果枯竭的鱼群可以得到恢复，那我们就可以复苏海洋生物，并长久维持我们的需求。

人类确实已经过度捕捞太久了。近海鱼类种群的数量在世界上部分地方也许已经缓慢下降了一千年或者更久，波罗的海鲱鱼就是一个最好的例子。现代工业化捕鱼更是带来了巨大的变化，再加上污染和我们对许多最多产的近岸生态系统的破坏，鱼群的衰退加剧了。

许多种群的崩溃是突然的。在 20 世纪 50 年代，沙丁鱼——西半球捕捞量最大的鱼类，突然从美国西海岸附近消失了。1992 年，大西洋最大的鱼类种群之一——纽芬兰周边大浅滩（Grand Bank）的鳕鱼群，也在几十年的过度捕捞后崩溃了。

今天，其他主要鱼类种群也处在危险中。一项估算指出，我们每年捕捞多达 1 亿条鲨鱼，包括指向性捕捞的和捕捞别的种类时一并捕捞的。有些时候，我们甚至都不吃我们从海洋中取来的东西。最初，渔民只是割掉鱼翅去做鱼翅汤，而后将鲨鱼扔回海洋中等死，但现在出现了鲨鱼肉的市场。许多鲨鱼物种由于鱼翅贸易而处在灭绝的危险中。

从世界自然基金会的《地球生命力报告》中可以看到海洋的日渐枯竭，该报告记录了过去半个世纪中 36% 的海洋生命的衰退。联合国粮食及农业组织（FAO）也监测了世界渔场的管理，他们指出，约 1/3 的鱼群仍然处于过度捕捞中，近 60% 的鱼群被以最大捕捞量捕捞。

但是我们远远没有失去海洋里的所有。在一些鱼类种群持续衰退的同时，另一些显示了复苏的信号，包括北海的种群——这是强力执行渔业管控的结果。这是否预示着海洋生态系统恢复的开始？

任何严格的恢复都不能只是强调不要过度捕捞，而是还必须要保护幸存的养育了许多生命的近岸生态系统——珊瑚礁、红树林和海草。这不是

死亡区域的重生

世界上许多紧挨人口稠密区海岸线的地区性海洋正处于严重的麻烦中。陆上的大河注入地中海和墨西哥湾等海域，带入了巨量的污染物，特别是来自施过肥的农田和城市污水的含氮径流。

涌入的氮在磷酸盐的协助下，刺激了藻类和蓝细菌（平时所称的蓝藻）的爆发，由此形成的水华能覆盖巨大的区域。它们可能是有毒的，即使无毒，这些藻类死亡后的腐烂过程也会消耗大量的氧气，导致水体缺氧。很少有生物可以在无氧的条件下生存，所以结果便是产生“死区”（dead zone）——一片海洋中所有生物都死亡的区域。

现在地图上已经标注了超过500个死区。从1950年开始，它们的范围在近岸区域扩大了10倍。在大多数夏季，从美国中西部的农业腹地倾倒入密西西比河的氮造成了墨西哥湾的死区。2017年，这个区域创纪录地覆盖了2万平方千米。

死区也会自然出现，持续时间最长的例子之一在黑海深处。但自20世纪中叶起，污染导致这个区域扩大并且杀死了黑海西北部的海草草甸。过去海草可以产生氧气，从而维持黑海其他区域表面的生机。现在这片海的鱼类大部分都已消失，取而代之的是入侵的水母，后者一度占了整个黑海生物量（biomass）的95%。水母喜欢温暖浑浊的水体，能应付低氧环境。若要扭转这一切，防止其在其他地方发生，需要更好地处理城市污水，并在农场更有效地使用化肥和粪肥。

上图　从太空中看到的波罗的海中大范围的蓝藻水华，这形成了缺氧的死区。

> 海洋是我们最后的大型捕猎场……如果能以恰当的方式管理渔业，如果枯竭的鱼群可以得到恢复，那我们就可以复苏海洋生物。

件容易的事。但有证据显示，在提供合适的保护后，海洋保护区的鱼类数量能显著增加，大小也会增大。随之而来的是，海洋保护区之外的捕捞量也会有所提高，因为鱼类会在保护区进进出出。近岸群落也能有所受益。

来听一下拉哈姆乌迥（Lham Ujong）的村长阿扎（Azhar）讲述的故事。这个村子位于印度尼西亚巨大的热带岛屿苏门答腊岛上的亚齐（Aceh）特别行政区。在2004年的印度洋海啸中，亚齐损失惨重，海啸中心就在距其海岸不远处。海啸使鱼塘沼泽化并在行进的过程中涌入数十个村镇，亚齐大约有20万人被淹死。

当近岸红树林还存在时，人们通常会在最恶劣的冲击中受到保护。但是在拉哈姆乌迥，村民把大多数的红树林都清除掉了，并把海岸线转变成一系列的鱼塘和虾塘。这是一个赚钱的买卖，但是海啸造成的遇难人数使得每个人都在重新审视这件事。

阿扎支持将鱼类养殖和红树林恢复结合起来的创新计划。10多年过去了，他可以“炫耀”他的社区从海啸发生以来种植的30万棵红树——一些种在穿过村落的河岸，另一些则植根于鱼塘中。这些树阻止了堤坝被侵蚀，改善了池塘的水质，提高了鱼的产量，并且引来了可以供村民大量收集的螃蟹。

生态上的益处也很明显。这并不是说这里回到了野猪、猴子甚至偶尔可见老虎在此生活的时代，但是在夕阳下漫步于池塘时，可以看到四处都是水鸟，瞥到巨蜥在堤坝上窜行。

阿扎说，最重要的是红树林的回归能增加村子里的后人在下一次海啸中存活的机会。同时，通过在鱼塘里种植成簇的红树林，村子保留了池塘生钱的能力。这是一种很好的折中方法，他希望其他仍在从海啸中复苏的地区也采用这种方式，而不仅仅是在亚齐。他的村子吸引了来自其他遭受海啸冲击的国家的参观者，包括来自斯里兰卡和泰国的。所有人都很容易看出，这种新颖的新与旧、生态与经济的组合已经显现成效。

左页图

重植红树林

来自巴厘岛林业部门的小队在河口种植红树幼苗。红树林占据了泥滩（mudflat），它们能障积沉积物，创造可以保护所在区域不受侵蚀和风暴冲击的屏障，同时也建立了鱼类育儿所，提高了当地渔民的捕获量。

右页图

根部育儿所

印度尼西亚拉贾安帕群岛米苏尔海洋保护区，一条射水鱼游经被软珊瑚虫覆盖的美洲红树树根。从珊瑚到咸水鳄，红树林是多种海洋物种的家园和繁殖场。

252—253 页图

社区一角

在巴布亚新几内亚的新不列颠岛海岸的金贝湾（Kimbe Bay），渔民父子乘坐着有舷外托架的木制小船在浅水珊瑚礁上方滑行。这个深水盆地点缀着顶部长满珊瑚的海山和岸礁，有着丰富的物种多样性。海湾中产卵、筑巢和育儿的区域连成网络，受到保护并由当地社区监管，这保障了渔民赖以生存的资源。

印度尼西亚群岛由 1 万多个岛屿组成，横跨印度洋与太平洋，是地球上拥有最多珊瑚礁、红树林和海草的地方。各处的农村社区都开始感受到复苏近岸生态系统的益处。自从 2004 年海啸发生以来，单是亚齐就沿着海岸线种植了 200 万棵红树和其他树木。

距离西巴布亚省不远处的拉贾安帕群岛对复苏珊瑚礁也有着类似的兴趣。这里的沿岸社区帮助建立了面积接近两个新加坡的米苏尔海洋保护区，用以保护世界上生物多样性最高的珊瑚礁系统之一。

这个保护区包含了 1 200 平方千米的珊瑚礁，它们先前因炸鱼、过度捕捞和猎鲨而被毁坏。现在这样的行为已经被禁止，保护区的核心处是一个“禁渔区”，所有渔业活动以及其他诸如采集海龟蛋的行为都被严格禁止。

村民们把部分珊瑚礁出租给了高端潜水度假村，这产生了旅游收入。另外，他们也从公园护林员和巡逻船驾驶员的工作中取得收入，这些巡逻船负责赶走猎取鱼翅和海龟的外国渔船。

这项计划的实施对生态的影响是显著的：前 6 年，当地鱼类的储量估计增加了 2.5 倍，鲨鱼和蝠鲼的数量增加了 20 倍。这项工程具有开拓性意义，印度尼西亚政府计划在 2020 年之前通过招募沿岸社区监管，建立一个横跨整个国家的 20 万平方千米的海洋保护区。

印度尼西亚并不孤独。在 2004 年的海啸中损失了超过 3 万条生命的斯里兰卡，已成为第一个承诺保护所有红树林的国家。2015 年，斯里兰卡政府兑现了承诺。该国通过当地的一个非政府组织——小渔民联合会（Small Fishers Federation），招募了 1.5 万名农村妇女帮助保护 90 平方千米幸存的红树林，并在 48 个近岸潟湖新种植了 40 平方千米的红树林。

斯里兰卡是红树林生物多样性的全球热点，其海岸周边有至少 20 个不同的种。红树林也是这个国家很多日常食物的提供者——斯里兰卡人有 2/3 的蛋白质来源是鱼类，而 80% 的鱼类来自生长着红树林的近岸潟湖。

小渔民联合会的发起人阿努拉德·维克拉马辛（Anuradha Wickramasinghe）说，最近几十年来，由于太多的红树林被养虾场取代，潟湖每天的捕捞量从 20 千克跌到大约 4 千克。他希望恢复工程能把鱼类也带回来，他说：“对斯里兰卡渔民来说，红树林是海洋之根。”

海中森林

热带之外的近岸生态系统通常由巨藻森林主宰，这种巨型海藻看起来更像是水下的树。巨藻是地球上生长最快的植物之一——它们把根部沉到海底，每天能生长 0.5 米，可长到 45 米高，在海洋表面展开厚厚的冠层。巨藻在澳大利亚和美国加利福尼亚州南部近岸处形成了巨型的水下森林，这种水下森林从智利南部到苏格兰，从澳大利亚塔斯马尼亚到俄罗斯远东都有发现。

在世界上很多地方，巨藻森林的分布并未被很好探明，但是一些人估计它们可以覆盖世界海岸线的 1/4。许多巨藻森林拥有丰富的生物多样性，富含具有商业价值的鱼类和贝类。

尽管巨藻森林体积大、面积广，生长又快，但也很容易受天敌被过度捕捞的海洋生物密集牧食的影响，也会被风暴撕碎。海胆会大量取食巨藻，以至于能毁掉整片巨藻森林。在塔斯马尼亚，海胆是曾经广阔的巨藻森林减少 95% 的罪魁祸首。生物学家将这种方式导致的海洋荒漠称为“海胆荒原”。

2016 年的一项全球研究发现巨藻森林减少了 38%，海胆要负部分责任。但是调查也发现，在 27% 的区域，巨藻森林扩大了范围。在距离加拿大西海岸不远处，由于取食海胆的海獭种群复苏，巨藻森林正在扩张。在离新西兰不远处，龙虾也在做着类似的好事，加利福尼亚州海峡群岛的突额隆头鱼也是如此。就像许多近海所发生的那样，尽管巨藻森林很容易受损，但它们也能很快复苏，这无疑是个好消息。

上图　巨藻森林中的美丽突额隆头鱼。它是以巨藻为生的海胆的重要捕食者。

各处的农村社区都开始感受到复苏近岸生态系统的益处。

这样的倡议需要扩大影响。对海洋生态系统以及它们养育的鱼类来说，一个宏大的愿景是发展全球性的海洋保护区网络，作为陆地保护区的补充。

自 2000 年以来，海洋保护区的扩张变快了。2018 年，它们覆盖了全球海洋大约 7% 的面积，是 2008 年的约 10 倍。同时，对于各国管辖的近岸水体，海洋保护区的覆盖率可达 16%，大体上和全球陆地保护区的比例相同。

2010 年以来新增的大型保护区位于以下几个区域：英国在南太平洋的海外领地皮特凯恩群岛（Pitcairn Islands）附近，那里有着一些世界上最原始、最深的珊瑚礁；邻近的库克群岛（Cook Islands），那里有 15 个环礁，是一些世界上最稀有的海鸟的家园；北太平洋的美国夏威夷群岛，那里是濒危的夏威夷僧海豹的家园，还拥有超过 1 500 个特有物种。

许多海洋保护区覆盖了珊瑚礁，大约 1/4 的珊瑚礁受到了某种形式的保护，其中包括一些最大的和最为重要的珊瑚礁，不过当前的保护还远称不上完美。比如，澳大利亚附近的大堡礁现在大部分位于海洋公园内，但是禁止任何形式的捕鱼以保护繁殖中的鱼类的禁渔区，仅占公园的 1/3，运送昆士兰的煤和其他材料前往外国市场的船只依旧从珊瑚礁穿过，有时还会发生事故。

好消息是，300 千米长的伯利兹堡礁周边的石油勘探在 2017 年被禁止了。这里是约 1 400 个海洋物种——包括玳瑁、海牛、鳐鱼和 6 种鲨鱼的家园。部分中美洲珊瑚礁也禁止了石油勘探，那里是西半球最大的珊瑚礁系统。

有证据显示，运行良好的海洋保护区有着惊人的益处。“物种回归的速度比人们预期的要快得多——或 3 年，或 5 年，或 10 年。哪个地方做了这些，我们马上就能看到经济效益。”加拿大达尔豪斯大学海洋保护学家鲍里斯·沃姆（Boris Worm）说。在一些实例中，海洋保护区可以增加 4 倍的鱼类捕捞量，提升 1/5 的生物多样性。但当保护区能确保更多的幼鱼离开近海的育儿所时，这对鱼类储量的益处仍是有限的，除非对整个海洋的渔业捕捞也进行限制。但再次有不断增加的证据表明，即便是简单的防止过度捕捞的措施，也对生态系统和鱼类种群大有裨益。

右图

渔业：少即是多

据联合国粮食及农业组织称，已进行商业开采的海洋鱼类种群中，有超过 30% 被过度捕捞，有接近 60% 被以最大程度捕捞。同时，鱼类消费还在增加。解决之道是确立并执行限额制度，取消补贴，减少兼捕渔获物（与主要捕捞对象一起捕获的其他种类渔获物）的捕捞，并设立海洋保护区以供种群恢复。

右页图

废弃物

一箱兼捕渔获物——在这次，兼捕渔获物是一些来自地中海捕捞船捞上来的人们不想要的底栖生物。偶然被捕捞上来但将会被扔下船的生物包括海星、海胆、魴鮄、章鱼、鮟鱇和马鲛鱼幼鱼。是市场需要而不是法律约束决定了什么会被扔下海，但拖网本身是无差别捕捞的。

258—259 页图

受重创的屏障

这里是大堡礁的一部分，世界遗产大堡礁为澳大利亚东海岸的近岸提供了保护。它的未来取决于对采矿开发的约束，以及对来自农业和伐木业的含氮径流和沉积物涌入的治理。不过，真正的威胁是变暖的海洋，这已经杀死了一半的珊瑚。

1974 年鱼类捕捞情况

过度捕捞的种群　10%

满负荷捕捞的种群　50%

少量捕捞的种群　40%

2018 年鱼类捕捞情况

过度捕捞的种群　31.4%

满负荷捕捞的种群　58.1%

少量捕捞的种群　10.5%

近期一项针对占据全球鱼类捕捞量 4/5 的近 5 000 个渔场的研究得出的结论是：通识性的管理在不到 10 年内便可以为海洋增加超过 6 亿吨的鱼，产生 530 亿美元的利润，并提升 1/5 的可持续捕捞量。

这些发现鲜活地提醒着我们，理智的保护既能复苏自然，也能增加人类在安全范围内可获取物质的数量，这既支持了人类，也支持了我们生活的星球。

即便是简单的防止过度捕捞的措施，也对生态系统和鱼类种群大有裨益。

海洋保护区（MPA）
北冰洋
楚科奇海
12
白令海
哈得孙湾
10
北太平洋
北大西洋
墨西哥湾
加勒比海
2
11
13
6
南大西洋
一些大型海洋保护区
1. 罗斯海
2. 帕帕哈瑙莫夸基亚
3. 珊瑚海
4. 太平洋里莫特群岛（Pacific Remote Islands）
5. 南乔治亚和南桑威奇群岛
6. 皮特凯恩群岛
7. 英属印度洋领地（查戈斯群岛）
8. 帕劳国家海洋保护区
9. 马里亚纳海沟
10. 查利吉布斯公海
11. 加拉帕戈斯
12. 北白令海
13. 库克群岛
14. 法属南部领地
5
韦德尔海
地图数据来自联合国环境规划署世界保护监测中心（2018 年 5 月）

2018 年的海洋保护区覆盖了海洋约 7% 的面积，10 倍于 2008 年。当各国开始寻求建立自然保护区和恢复鱼类种群时，这类海洋保护区便逐渐多了起来。当有 30% 的海洋禁止捕鱼，恢复和稳定那些已经严重枯竭的海洋区域便成为可能。

公海

最后的野性之地

“数千年来，大洋是所有生命的命脉，对人类文明的发展有着重大的影响。人类从 1943 年开始才能在海下相对自由地探索，当时雅克·库斯托（Jacques Cousteau）首次测试了他的水肺设备。从那时起，我们才勉强开始揭秘大洋，但我们却在短时间里成功地释放了破坏的洪流。我们改变了气候，我们的塑料和化学制品抵达大洋深处，那些一度被认为取之不尽的海鲜现在也在消失。然而希望尚存，历史告诉我们，只要我们愿意尝试，就没有问题不能解决，就没有挑战不能克服。我们拥有为自己和子孙后代建立繁荣和健康的世界的能力。”

——菲利普·库斯托（Philippe Cousteau）和阿什兰·库斯托（Ashlan Cousteau）

海洋探险家，环保倡导者，记者和电影制片人

暂停捕鲸给了巨鲸们一个恢复的窗口，同时为在 21 世纪恢复大自然的目标带来了希望之光。

262 页图

回归的蓝鲸

墨西哥附近的蓝鲸母亲与幼崽。在捕鲸业兴起之前，海洋中可能生活着 25 万头巨型蓝鲸，而今天这个数字是 1 万。但是这些长寿的巨兽的数量在缓慢增加。

264—265 页图

众多捕食者

墨西哥偏远的雷维拉吉格多群岛附近，太平洋中的远洋捕食者在进行一场狂暴取食。丝鲨、灰真鲨、加拉帕戈斯鲨、黑边鳍真鲨、黄鳍金枪鱼和纺锤鰤一起取食聚集成球的白鲑和西鲱。它们从各个方向攻击，通过封堵来保持环绕的鱼群被困在表面，以防它们逃往深处。

右页图

过去是什么样的

由超过 100 头座头鲸组成的超级鲸群在距南非不远处的南大西洋取食，它们的食物是这片富含营养物的水体中的磷虾和其他小型甲壳动物。这种景象在工业化捕鲸大量杀死座头鲸之前也许是十分常见的。

268—269 页图

巨嘴

一头正在南非附近取食的座头鲸，它用磷虾填满了巨大的嘴。一天的时间里，它可能会从水中滤食超过半吨的磷虾。

20 世纪 70 年代和 80 年代，环境保护战多与鲸有关，保护者们强烈呼吁停止全球捕鲸业的暴行以及对这些巨大的海洋哺乳动物的开发。到了 20 世纪 80 年代，超过 2/3 的巨鲸消失于巨型捕鲸船的内部，这些鲸最终的命运是变成各种各样的东西——从女士紧身衣到寿司，从蜡烛到人造黄油，从香水到唇膏。对于这些大型生物来说最后的侮辱是，在它们体内炸开的鱼叉通常含有用它们的鲸油做成的硝化甘油。

在鼎盛时期，捕鲸人享有社会荣誉。但是抗争者们驾驶着小充气船穿梭在鱼叉和鲸之间的形象，使捕鲸人名声崩塌。

1986 年，国际捕鲸委员会最终投票决定在全球范围内暂停商业捕鲸。尽管日本、挪威和冰岛在违反禁令，但暂停捕鲸的政策仍在继续。暂停捕鲸给了巨鲸们一个恢复的窗口，同时为在 21 世纪恢复大自然的目标带来了希望之光。

巨鲸的 13 个种是海洋中的巨兽，其中包括了地球上迄今生活过的最大的动物——蓝鲸。蓝鲸长可达 30 米，重可达 175 吨，心脏有小汽车大小，就算是恐龙也没有它大。

在捕鲸人开始捕鲸前，鲸的庞大数量和巨大体型确保它们主宰着海洋生态系统。北太平洋中海洋生命取食的 2/3 的浮游生物最终都被用来供养巨鲸。

但巨鲸并非海洋生命的掠夺者，它们在维持着海洋生命。通过在深处取食并在表面排泄，它们将海洋深处的营养物循环起来，这个现象被称为"鲸泵"（whale pump）。当它们死亡时，腐烂的躯体沉到海底，可以为食腐生物提供长达 80 年的食物，将数百万吨的营养物归还给海洋生态系统。

正如在垂直方向上的作用一样，它们也在横向影响着海洋。比如，座头鲸一年最多可迁徙 19 000 千米，它们在极地水域取食半年，然后游回热带产崽但不取食，营养物也随着它们一起移动。鲸完全不是在洗劫海洋，而是维持着营养物的循环，这有利于所有海洋生物。

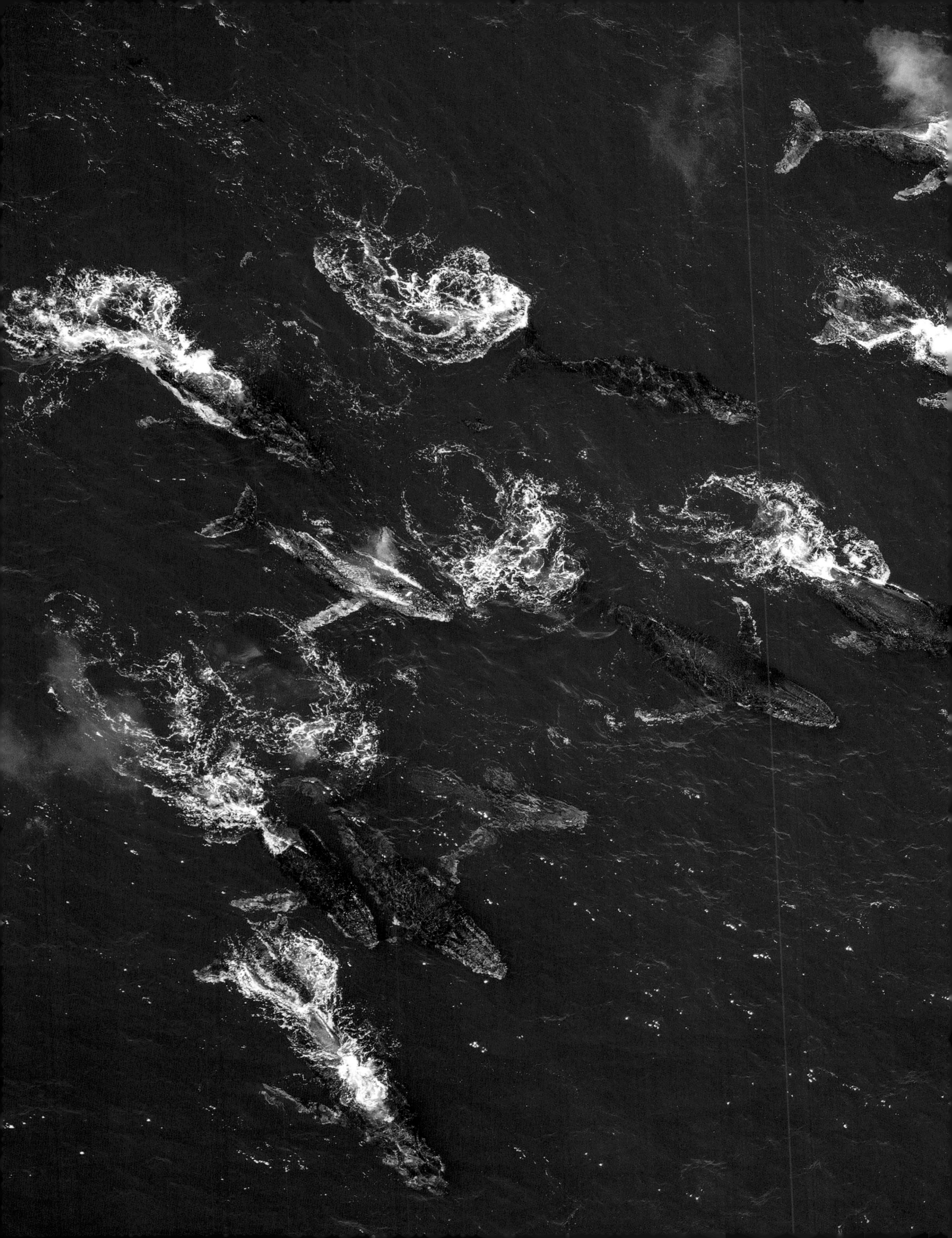

公海是地球上最后和最大的野性之地……公海也为地球上的生命提供了大部分生存空间。

右页图

金枪鱼盛宴

太平洋蓝鳍金枪鱼在加利福尼亚州附近取食加州鳀鱼群。随后，这种金枪鱼作为价值极高的鱼类会被人类捕捞，目前已有 97% 的太平洋蓝鳍金枪鱼被捕捞。鳀鱼繁殖迅速，其种群相对来讲复苏得很快；而金枪鱼则同许多生长缓慢的大型捕食者一样，需要数年才能成熟。

272—273 页图

成为猎物的捕食者

野外捕获的大西洋蓝鳍金枪鱼在地中海的网箱中暂养待宰，其中一些个体体长接近 2 米。大西洋和太平洋蓝鳍金枪鱼都已被过度捕捞，它们的种群在野外处于危险之中。

巨鲸种群的减少从很久以前就开始了。商业捕鲸可以追溯到一千年前，当时西班牙的巴斯克人第一个出海捕捉北大西洋露脊鲸。随着捕鲸活动扩散开来，近海的鲸类种群逐渐被猎光，追捕者进而到更远的地方去捕猎它们。到了 18 世纪晚期，这门生意已经做到了北极，随后扩展到全球。捕鲸是最早的真正意义上的全球性商业活动之一。

到了 20 世纪中叶——巨型的工厂化船只在海上加工尸体的时代，每年有 5 万头鲸被捕杀，其中的许多屠杀从来没有过官方记录。在全球暂停捕鲸之后，俄罗斯捕鲸检查员出版的回忆录中揭露，在 1959—1961 年的 3 年间，仅苏联的捕鲸船队在南大洋就捕杀了 2.5 万头座头鲸，而报告的捕捞量仅有 2 710 头。

捕鲸从根本上改变了海洋生态系统。现代基因研究指出，曾经也许有 150 万头座头鲸巡游于世界的海洋中，小鳁鲸有着相似的数量，巨型的蓝鲸也许有 25 万头。后来，随着座头鲸和蓝鲸的数量减少到只有几千头，海洋被小型生物主宰。比如，在热带太平洋抹香鲸一度很繁盛，而现在那里变成了乌贼的天下。在南大洋，随着大多数蓝鲸的消失，有更多的磷虾被增长中的海狗种群取食。

我们还能回到由那些海中巨兽统治公海的时代吗？这很难确定，特别是在污染、噪音、渔网、船只螺旋桨打击等对鲸造成的威胁不断增加的情况下。但是这些年，一个价值 20 亿美元的观鲸产业正在兴起，随着追逐鲸的船只满载游客，部分复苏已经开始。

半个世纪以前，蓝鲸被认为“功能性灭绝”。但是自从暂停捕鲸的政策实施后，它们的数量接近翻倍，不过相比以前仍然很少。墨西哥西海岸附近的科尔特斯海的灰鲸产崽地再次遍布着鲸。座头鲸表现得更好一些，幸存的种群从几千头增长到 10 万头左右，在 30 年间增长了超过 10 倍。这在遥远的过去也许只是种群的一部分而已，但是已接近 20 世纪初时海洋中的数目。它们的数量仍然在增长——这是海洋繁殖力和复原力的胜利。也许巨兽的时代能够回归。

一度在公海中有相当大种群数量的大型鱼类已消失了约90%，其中包括一些最大型的捕食者。

右页图

在墨西哥湾，一只筐蛇尾（basket star）位于一片深海的冷水石珊瑚形成的礁上。

公海是地球上最后和最大的野性之地，从位于大陆边缘的浅海大陆架一直延伸到地平线，覆盖了这个星球一半的表面，平均深度约为4千米。公海也为地球上的生命提供了大部分生存空间——从依靠阳光赐予能量的表层生态系统，到火山口周围幽暗海底的物种丰富的热点。半个世纪之前，我们还不知道这样的深海生态系统的存在；即使在今天，已探索的海洋也不到5%。

让我们从表层开始探索。在公海上，蓝鳍金枪鱼是鱼中王者，它们最多可以活50年，长到跟马一样重。同时，它们像马一样，能够以80千米每小时的速度在海洋中快速穿行。和大多数鱼类不同，金枪鱼可以对身体的特定区域进行加热，这使得它们可以在冷水中猎食，并具有多数冷血生物无法达到的能量爆发力。

它们成群行事，移动到诸如鲭鱼、鲱鱼和鳀鱼的鱼群里。它们捕食时引起的骚动会吸引其他的捕食者——海鸟会飞来抢夺被驱赶到表面的鱼类，远处的鲨鱼探测到水中鱼油的味道，也来取食金枪鱼留下的鱼群。尽管它们有着丰富的技巧和强大的能力，可以到达海洋中的几乎任何地方，但是3个蓝鳍金枪鱼的物种都处在悲惨的境遇中。也许，考虑到它们现在是价值百万美元的鱼，这一切就不足为奇了。

日本人吃掉了世界上80%的高端金枪鱼，它们大多被用于制作寿司和刺身。世界上捕捞的金枪鱼多数都在东京的鱼市上贩卖。在黎明前拍卖会（pre-dawn auctions）上，一条超过2米长的蓝鳍金枪鱼能卖到高达100万美元。光是蓝鳍金枪鱼的市场一年就超过20亿美元。

以捕捞量计算，世界上总的鱼类大约有10%来自公海；但是如果用金钱来衡量的话，金枪鱼和其他高价值的远洋鱼类在市场上所占的价值比例要高得多。这样高的价值使得这些物种成为捕鱼人的重要目标并被过度捕捞。一度在公海中有相当大种群数量的大型鱼类已消失了约90%，其中包括一些最大型的捕食者，比如旗鱼、鲨鱼和金枪鱼。太平洋蓝鳍金枪鱼

深海的珊瑚财富

它们并非最为著名的生态系统。很少有人到处呼吁保护路易斯维尔（Louisville）海岭、哈顿（Hatton）浅滩或弗莱米什（Flemish）海角，但这些人们所知甚少的冷水珊瑚生态系统是深海的生物奇迹。它们正受到拖网渔船的沉重链网沿着海底刮擦的威胁，这个过程会毁掉整个生态系统。

“大多数深海是未受保护的，它们被这样或那样的活动威胁，因此我们承受着损失巨大价值的风险，以前这些价值甚至都没有得到完全的认知。”世界自然基金会英国和欧盟海洋政策处（Marine Policy）的领导者林德赛・道兹（Lyndsey Dodds）如是说。它们包括苏格兰西面的罗科尔（Rockall）浅滩和哈顿浅滩。罗科尔浅滩有部分水域位于欧盟领海范围内，受到来自欧盟禁令的保护，不允许进行800米以下的底部拖网作业。但是在哈顿浅滩之外就不是这样，尽管一个为欧盟渔场提供科学建议的组织——国际海洋开发理事会（International Council for the Exploration of the Sea）进行过正式提议。在大西洋另一边的纽芬兰大浅滩及附近的弗莱米什海角的海底，超过1/3的海绵和珊瑚由于拖网的刮擦而受到威胁，这是加拿大水体之外的两个重要捕鱼场所。但那里的地区性渔业组织允许人们继续在那儿捕鱼，这威胁着渔业在未来仍会继续依赖的生态系统。

南大西洋的事态也不容乐观，船队在阿根廷附近的巴塔哥尼亚大陆架上进行拖网捕捞，这是海豹、海狮和企鹅的捕食场所。在西南太平洋，新西兰渔民继续在路易斯维尔海岭用拖网捕捞胸棘鲷（Orange Roughy），这个区域有绵延4 000千米的水下山峰，生活着丰富的稀有物种，比如能进行生物发光的竹珊瑚。

深海的冷水珊瑚最终变得几乎和热带的珊瑚礁受到同样的威胁。

右页图

深海巨物

夜晚，一条 7 米长的皇带鱼从地中海深处游到表面取食浮游生物。这是世界上最长的硬骨鱼，可长到 17 米长。就像所有的深海生物一样，关于它的习性或生存环境的生态学知识，我们所知甚少。

278—279 页图

海豚中队

数百条长吻原海豚以小型社会化集群的方式前往距哥斯达黎加不远处的索饵场（feeding ground）。这些海洋捕食者生而迅速，它们通过交替游泳和滑行来减少水的阻力。它们能游得又深又远，利用超声波扫描海洋以搜寻高能量的食物，比如深海的灯笼鱼。大批长吻原海豚之所以来到太平洋的这个区域，就是因为此处的灯笼鱼还没有被渔场过度开发。

的种群损失了 97%。

由于表层鱼类数量减少，捕鱼船队把渔网放得比之前深了很多。世界上 40% 的渔场现在已超过水下 200 米深，底部拖网船已开始在 2 000 米之下的海底刮取鱼类，这对海洋生态系统是一个严重的威胁。一方面，拖网船会毁坏深水生态系统，尤其是冷水珊瑚和海绵群落；另一方面，深水鱼类本身更容易由于过度捕捞而受损。在海洋表层，那些最敏捷的鱼得以幸存，这些物种通常有着快速的代谢系统，繁殖速度通常也很快。但是在海洋深处，鱼类生长缓慢，寿命也较长，一旦被过度捕捞，这些种群会快速衰退，复苏极慢。

我们一度认为，远离表层的水体很大程度上是空旷的，这似乎也很符合逻辑。那里缺乏来自近岸生态系统的营养物，也少有或没有光，也就是说，生命所需的两个基本条件都缺失了。但这种观点被证明是错误的，深海的生命很繁盛，它们适应了寒冷、幽暗和高压的环境。

当你从海浪开始往下潜，光照度也会下降，但一些鱼类自身可以进行生物发光，成为自己的光源，用以引诱猎物或发现捕猎者。在更深的地方，眼睛几乎失去了用处。一些鱼类用大嘴来弥补深处猎物的贫乏，张嘴取食任何它们遇到的东西。黑叉齿鱼是一个极端的例子，它的下颌在捕食时可以脱出铰合从而扩大口腔，再加上其可扩张的胃部，它能吞下同自身一样大的甚至 10 倍于其体重的猎物。

这里是充满噩梦的地方。大王乌贼有着可长达 18 米的触手，直到 2012 年人们才第一次在它们的自然栖息地拍摄到活体标本。然后是皇带鱼，形状像橹的它们可以长到 17 米长。它们大多生活在深处，但是会在每晚进行垂直迁徙，像刀一样向上划数百米，到平静的表层水体取食浮游生物。随着黎明的到来，它们又消失于深处。皇带鱼十分罕见，除非是被风暴带到岸上，也许这就是有关巨型海蛇的神话的来源。在日本民间传说中，它们被称为“海神宫的使者”，它们的偶然出现被视作海啸的预告。

当我们继续深入，还会遇到更为奇异和令人惊叹的生物，但关于这些生物少有神话，因为它们从不到表层。即使是其中最丰富的类群，直到最近也完全未知。它们依赖从上面掉下去的食物，这些食物在鲸和其他生物排泄和死亡时产生——这种沉降称为“海雪”（marine snow）。

超深渊带（hadal zone）是海洋中最深区域的名字，这个名字来源于希

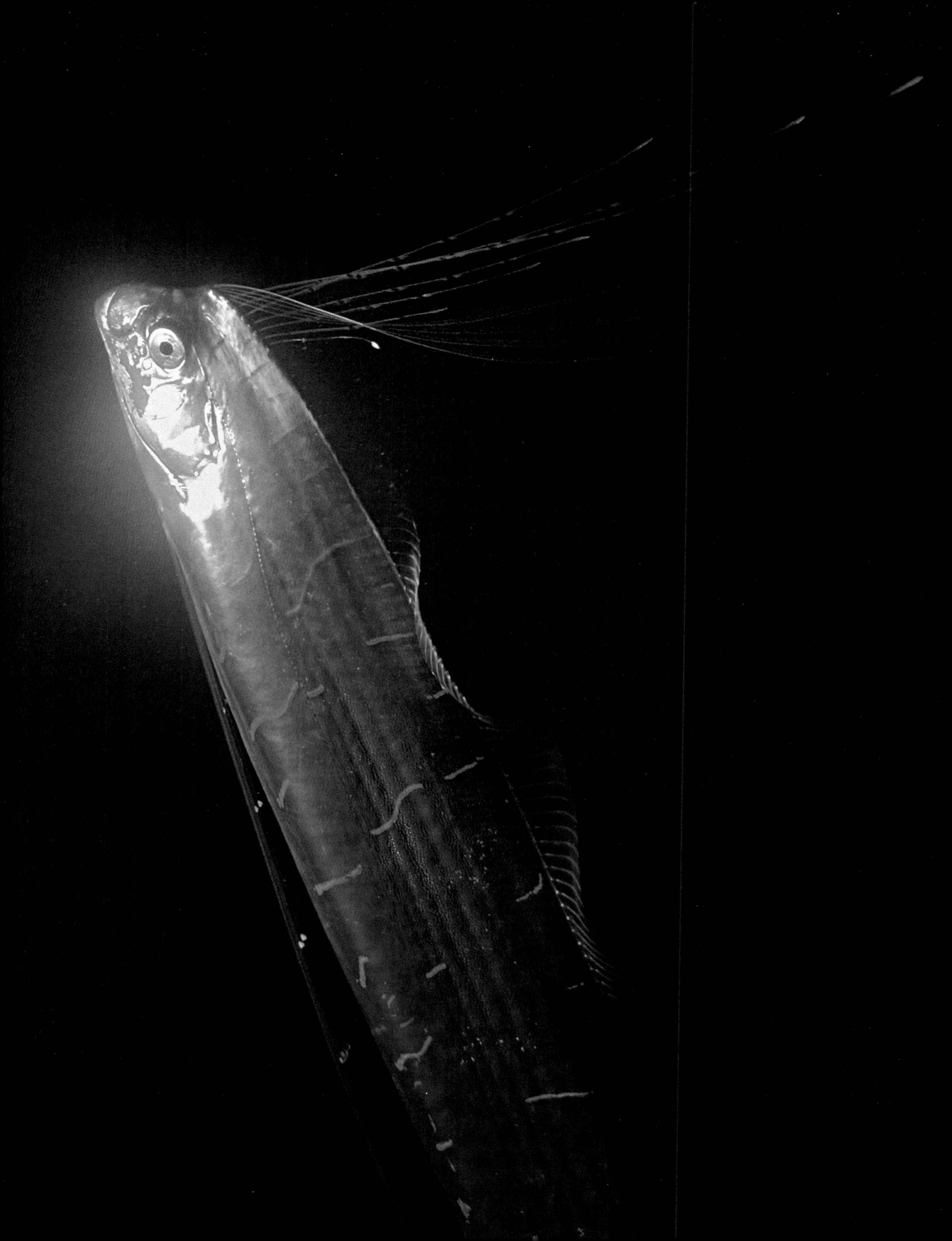

海洋不仅仅是潜在的矿物和鱼类的巨大储备库，还是天气和气候的重要驱动力。

腊的冥界之神哈迪斯（Hades）。我们目前所知的生活在最深处的鱼类是小而透明的拟狮子鱼。它们被发现于8千米以下，在那里它们承受着海洋表面800倍的压力。拟狮子鱼取食端足类，后者是一种取食海雪的甲壳动物，但并不是所有海底生命都依赖上层的掉落物。深海海底最丰富的生态系统是火山口。

热液喷口（海底热泉），或通常所称的“黑烟囱”，出现在海底大陆板块的边界。边界裂缝使得海水能穿透地球的热地壳，这些海水被迅速加热，通常溶解了岩石中的矿物和金属——其中包括硫、金和铜。当这些滚烫的水涌回冰冷的海洋时，快速冷却导致矿物和金属从溶液中析出并堆积成金属硫化物的烟囱，这些烟囱可环绕出口生长到数十米高。

这些烟囱有时会倒塌并散布到海洋中。在这些烟囱堆中，“生物炼金术”悄然进行。特化的（Specialized）深海细菌侵入这些碎石，处理硫化物，将它们转变为能量和供其生长的有机物。这个过程就像在表层海水发生的光合作用一样，是深水的化学合成作用，但不需要光的参与。

细菌形成了厚厚的垫状物，吸引了牧食这些细菌的生物，比如端足类，而又会有其他生物来取食端足类。管状蠕虫直立起来可达2米高，通常是“黑烟囱”生态系统中最大的生物。同样常见的生物还有长着毛茸茸的足和爪的雪怪蟹（yeti crab），以及深海版本的蜗牛、藤壶、白鳗和章鱼。

直到1977年，人们才在太平洋的加拉帕戈斯群岛附近发现第一个热液喷口，而现在已经发现了另外上百个，它们分布在大西洋洋中脊、太平洋周边、印度洋，最南可到南极洲。许多科学家认为，地球上的生命也许是在40亿年前从这些喷口开始的。它们应该享有最高的保护优先级，但这并不容易。这些喷口释放的物质的金属富集度高于现在可用的其他任何沉积物，所以，尽管在波浪之下数千米进行操作伴随着高成本和高风险，一些专业的矿业公司仍准备投入大量资金以期获得巨额回报。

海洋不仅仅是潜在的矿物和鱼类的巨大储备库，还是天气和气候的重要驱动力。它们从大气圈中获取的巨大热量使得它们成为气候稳定器。今

天，由于大气圈持续变暖，空气中的许多热量被海洋持续吸收。海洋也吸收空气中的污染气体，包括我们排放到空气中的大约 1/3 的二氧化碳，这是海洋保护我们远离严重气候变化的另外一种方式。在吸收热量和气体的同时，海洋也“向外呼气”——我们呼吸的氧气有一半是海洋表层的浮游植物产生的。

海洋能保持我们星球表面宜居的关键，是一个宏大的分配系统——被称为海洋输送带（ocean conveyor）的深海环流。它开始于北极表面，那里冷水沉到洋底，在深处沿着星球运移大约 1 000 年，之后随着被称为墨西哥湾流的大西洋暖洋流到达表层，这个洋流给欧洲西北部带去温暖。它搅动着海洋，同时也吸收着有害物，比如大气中的二氧化碳。近期的研究显示，海洋输送带在气候变化下很容易受损。这是值得警惕的，因为输送带的损失会降低远洋吸收热量和二氧化碳的能力，随之大气圈会加速变暖。

海洋也以其他方式影响着陆地上的我们。陆地上几乎所有的降水都来自海洋表面蒸发形成的云。研究证明，空气中水蒸气形成雨滴时所围绕的

上图

深海宝藏

沿着大西洋洋中脊火山，黑烟囱和硫化物丘位于热液喷口之上。围绕着这些热泉的极端环境里生活着奇怪的深海生物群落，其中许多仍未被发现。热泉将矿物泵出到海水中，其中一些矿物，包括金和银，引起了专业矿业公司的注意。

282—283 页图

界面

世界上最深最广的大洋——太平洋表面的鲣鱼。太平洋控制着世界的天气，改变着周围的热量，生成了全球的洋流和风的模式，也助力巨型风暴的产生。鲣鱼丰度的波动与太平洋的循环有关。

世界上的国际水域只有略多于 1% 受到了某种形式的生态保护……但随着现在人类的影响延伸到海洋最偏远和最幽深的地方，事态就变得很危险了。

右页图

游动的海蝴蝶，这是一种生活在开阔水域的软体动物，它们壳体的形成受海洋酸化的影响。

至关重要的核心，通常是海洋浮游植物释放的二甲基硫化物微粒。

假如没有浮游植物，二甲基硫化物就会变少，相应的，可能就会形成更少的云和降雨。同时，海洋的健康也依赖陆地。随风飘散并掉落到海中的沙尘，是磷和铁的重要来源，这对浮游植物的生长至关重要。在海洋的许多偏远区域，水中磷和铁的溶解量限制了浮游植物生长的规模，进而决定了从磷虾到鲸的各种生物能拥有多少食物。

今天我们生活在人类世，这是一个新的地质时代的名称，在这个时代，人类是地球的主宰力量，现在这里是我们的星球。在 21 世纪，我们以前所未有的方式影响着我们星球的生命保障系统，我们必须为此负责，更好地掌控地球这座飞船。

我们有全球性条约来控制导致气候变化的气体排放，并通过创造安全的空间来保护濒危的物种；我们治理有毒污染物，承诺停止破坏森林。这些进步给了我们希望，我们能阻止正在出现的危机，这个星球的生态开始恢复。但大洋该怎样保护？谁来为它们负责？答案通常是没有人负责。这种状况急需改变。

从所谓的专属经济区（EEZ）的海岸开始，领海最多延伸 200 海里（370.4 千米），这个区域之外的海域就是国际公海。它们受到《联合国海洋法公约》（UNCLOS）的监管，该公约在 1994 年开始生效。多数国家，值得注意的是美国除外，都签署了这个公约。

原则上，《联合国海洋法公约》管理着与海洋有关的方方面面，包括环境控制以及经济和商业活动。为了支持这些管理，成立了国际海底管理局（International Seabed Authority）。该机构的一个重要角色是管理深海采矿活动，确保海洋环境不受各种有害行为的影响。到今天为止，它已为近 30 个承包商发放了采矿许可，包括对数个热液喷口附近点位的开采，科学家说这会导致不可逆转的生物多样性损失。直到 2018 年初，该机构仍然没

酸化的海洋

海洋酸化被称作海洋变暖的邪恶的孪生兄弟。空气中二氧化碳浓度的升高导致更多的二氧化碳溶解在海洋中，当前我们排放的大约 1/3 的二氧化碳最终进入海洋。这虽然有助于缓解全球变暖，但是溶解的气体形成碳酸，改变了海洋中的化学环境。比起 200 年前，海水的平均酸度提高了 26%。

问题随之而来，因为许多海洋动物需要碳酸钙来形成壳体和骨骼，但在酸性条件下，水中可用的碳酸钙变少了。珊瑚、蛤、海胆和许多其他物种会难以吸收到足够的碳酸钙，从而影响个体生长和种群繁盛。它们需要消耗更多的能量。海洋酸化带来的威胁排在包括海洋变暖在内的其他各种威胁之前。

藻类和海草也许会受益于更多的二氧化碳，因为它们利用二氧化碳生长。大多数海洋生物对水中酸度的些许变化具有一定的适应能力，但这种适应仅限于一定程度下的酸度变化，并且只能维持有限的时间。目前海洋酸化的程度已远超许多物种所能承受的临界点，研究发现，大约半数海洋物种因此受到冲击，包括大西洋真鳕、青口贝、海蝴蝶、海胆，以及南极洲周围水域中的海星。

海生贝类处在特殊的威胁中。牡蛎的幼体像其他甲壳类海生动物一样，是非常脆弱的。在美国的牡蛎养殖场，已经出现了牡蛎的大规模死亡，因为这里酸度更高的水体阻止了牡蛎幼体壳体的生长。

也许还有其他更微妙的效应：在酸度更高的水体中，青口贝用来附着在岩石上的线状物不那么好用了；鱼类可能会发现血液变得更酸，将会消耗更多的能量去排酸，而用于取食、繁殖和逃避捕食者的能量会变少。海洋生态系统到底能在多大程度上抵抗酸化？我们不知道。

有设立环境委员会，也几乎不公开表示它是怎样做出决定或制订计划来保护热液喷口和周围群落的。

通过一系列国际协议，许多其他的海洋活动比如废物倾倒和渔场经营，仍然受到管理。远洋上几乎没有环境相关法律，但这种情况也有一些罕见的例外，那就是位于国际水域的海洋保护区，比如在东北大西洋的 6 个保护区。其中之一的查利 – 吉布斯（Charlie–Gibbs）海洋保护区覆盖了英格兰大小的区域，寒冷的北方海水与温暖的南方海水交汇于此，使这里有着来自两个区域的丰富的海洋生命。

另一个例子是南极洲的罗斯海海洋保护区，由《南极海洋生物资源养护公约》（CCAMLR）于 2016 年设立，该公约是南极条约体系的一部分，旨在管理南大洋的各种活动。罗斯海是这个星球上延伸到最南端的海，也是一片最为原始的海域，活跃着虎鲸和小鳁鲸的巨大种群，以及数以万计的韦德尔海豹和世界上 1/4 以上的阿德利企鹅和帝企鹅。

世界上的国际水域只有略多于 1% 受到了某种形式的生态保护。曾经人们认为鱼类种群是取之不尽的，海洋是辽阔到污染不了的，这样的保护也许就足够了。但随着现在人类的影响延伸到海洋最偏远和最幽深的地方，事态就变得很危险了。

我们迫切需要建立一个海洋保护区的连续网络。科学家和自然资源保护论者现在呼吁要让 30% 的公海远离捕鱼和采矿的侵扰。在这些区域以外，我们需要树立一种观念，那就是公海不再是不属于任何人，而是属于每一个人。这样的改变也许正在发生。

联合国在 2015 年确立的可持续发展目标之一便是“保护和可持续利用海洋和海洋资源”。现在联合国大会开始协商一项新的公海条约，用以保护各国管辖区之外的海洋生命。这需要采用整合的方法去管理海洋的不同用途，比如航运、捕鱼、采矿和油气开发，而不是各自为政。讨论的核心将会是，对海洋生命的保护是合法利用海洋的价值。

在哪些海域建立保护区将是议事日程的一部分，候选者之一也许是位于热带北大西洋的充满传奇色彩的马尾藻海。这片巨大的海域终年风平浪静，布满马尾藻，这是唯一一种可以在开阔水域自由漂浮的海草。这里是欧洲鳗鲡和美洲鳗鲡产卵的地方，也是蠵（xī）龟在成长时躲避捕食者的地方。

左页图

鲨鱼热点

一只鲸鲨——世界上最大的鱼类，在太平洋的海山（seamount）附近潜到更深的水中。对许多鲨鱼来说，海山形成了重要的导航点，也是社会性的集结点，可能与交配有关。洋流遇到这些海山时会上涌，将深处的营养物带上来，这对于浮游植物的生长至关重要，浮游植物支持了丰富的海山生物群落。随着捕鱼器具捞取得越来越深，对海山给予更大保护的呼声与日俱增。

288—289 页图

被过度猎杀的猎手

距离墨西哥尤卡坦半岛不远处，一大群大西洋旗鱼在取食一群西班牙沙丁鱼最后的剩余。因为大西洋旗鱼高度迁徙的习性，其种群数量难以评估。但一般认为大西洋旗鱼仍然被过度捕捞了，捕捞速度快过了它们的繁殖速度。同时，偶尔被延绳（longline）捕获的旗鱼数量也相当大。

但大洋该怎样保护？谁来为它们负责？答案通常是没有人负责。这种状况急需改变。

环境保护论者也在推进保护南极洲大西洋一侧的韦德尔海，作为对太平洋一侧罗斯海海洋保护区的补充。这个蓝鲸、斑海豹、虎鲸和许多其他动物的天堂有 5 个德国那么大。

在保护区以外，这个世界需要一个宏大的策略来保护公海的鱼类。全球范围内非法的、未报告的和未受管控的捕鱼作业在逐渐侵蚀渔业管理的成果。现在这些非法捕捞占了所有捕捞量的 12%—28%，这意味着你盘子中的鱼有 1/4 的可能性是非法捕捞上来的。

许多非法捕鱼和过度捕捞的发生归因于政府监管的无力。悖谬的是，这种情况会由于对捕鱼船队的补贴而变得更加严重——短期内补贴能支持就业，但最终只会毁了渔业本身。

2017 年，9 家巨型海产品公司组成的集团宣称将取缔非法捕鱼，它们做这件事的能量是明显的。13 家大公司控制了最为珍贵的物种多达 40% 的捕捞量，这些物种包括金枪鱼、阿拉斯加狭鳕、秘鲁鳀鱼和小鳞犬牙南极鱼。其中有 4 家挪威公司，3 家日本公司。但这并不能解决合法过度捕捞的问题。

正如联合国粮食及农业组织的图片所显示的，世界上大约 90% 的渔场或为过度捕捞，或为“满负荷捕捞”。卫星数据也显示，世界海洋超过一半的区域被工业船只捕捞，其面积远超农业用地。

设立保护区并加强对捕鱼和采矿的控制与管理会带来好处，但这并不能保护海洋生命远离污染。虽然 80% 的海洋污染来自陆地，但污染物能在整个海洋中被发现，它们会随着洋流移动。其中包括体积在不断增加但实际上却无法降解的塑料废物，这些塑料随洋流扩散到海洋各处。据估计，每年有 800 万吨塑料废物进入海洋。许多塑料实际上一直留在海里，只是逐渐降解为越来越小的碎片。洋流会把塑料颗粒聚集到一些地方，最为著名的是太平洋垃圾带，这是中途岛环礁周边的一片无风区域，位于北太平

左页图

漂泊的大青鲨

大青鲨是海洋鲨鱼物种中最丰富和最广布的鲨鱼，同时也是被捕捞得最厉害的。每年大约有 2 000 万只被捕捞——被流网捕捞，特别是被为捕捞如剑鱼或金枪鱼等其他鱼类而设下的延绳所捕捞，而未被记录的捕捞量也许还要多 1/3。虽然大青鲨的肉被认为几乎没有价值，其身体大部分都被丢弃到海中，但是它的鱼翅有着利润丰厚的市场。和许多海洋鱼类物种一样，其种群数量没有一个很精确的估计，关于其生物学也所知不多，但在它的分布范围内可以观察到数量的减少。

292—293 页图

信天翁的海洋

马尔维纳斯群岛附近，低飞的黑眉信天翁从水体表层捉食磷虾和鱼类。这个群岛是全球超过 70% 的信天翁繁殖种群的所在地，在这里它们受到保护。但是信天翁也会去往广阔的地方巡游，存在被下了饵料的延绳误捕或在拖网中取食时被捕捞的风险。但加重渔线和有防鸟装置的渔线日渐广泛的使用开始减少这种无谓的死亡。

> 我们越快采取行动，受损的海洋生态系统……恢复往日荣光的能力就越大。最终的结果是会形成繁荣的海洋经济。

洋环流中心。

但没有哪里是安全的，即使极地区域和最深的海沟也不行——70% 的深海鱼类也许摄入过塑料。我们人类在吃鱼的时候也会摄入塑料，虽然这对人体的长期影响还不清楚。在北极，科学家发现巨量的漂浮塑料被冰捕获，1 升冰中有超过 200 片塑料。海洋中很少有物种能免于被塑料钩住、勒住或噎住。在北海，冲到海滩上的鲸的尸体胃里满是塑料物品，这些可能是在取食乌贼时误食的。研究人员在一个鲸胃里找到了 13 米长的渔网，还有来自汽车车身的长达 1 米的塑料碎片。

噪声污染虽然不那么明显，但其至少对海洋生物而言是致命的危害。噪声来自油气钻探、海上风力涡轮机，特别是来自成千上万的船只推进器。由于海水传递声音的能力强，推进器的声音能在 100 千米之外被听到。越来越多的证据显示，由于鲸类依赖声音进行交流、导航、觅食，它们会被噪声误导,产生压力,最终饿死。许多鱼类也存在变聋和不能繁殖的可能性。

有太多需要在海洋中做的事了。我们越快采取行动，受损的海洋生态系统，包括我们捕捞作为食物的鱼类以及冷水珊瑚、热液喷口、巨大的鲸群和神秘的深海居民，恢复往日荣光的能力就越大。最终的结果是会形成繁荣的海洋经济，在未来为我们更好地提供食物和工作。

好消息是，世界已经觉醒，人们逐渐意识到在缺乏管理的大洋中发生了什么。塑料废物的扩散成了全球关注的问题，也许是因为其对野生生物的伤害非常明显。虽然在视野之外的海洋中绝不是没有伤害存在，但公众的注意力能在过去数十年中被捕鲸业的可怕所吸引，能在今天被海洋中的塑料所抓住，这些都意味着公众有强烈的纠偏欲望。大自然成功恢复了座头鲸的种群是一个特别的信号，代表自然有进行自我恢复的巨大能量。是时候拯救大洋中剩下的地方以及这个星球上剩下的地方了。

左页图

被“幽灵网”所困

一只濒危的僧海豹被一张废旧的渔网困住。废弃的捕鱼装备形成了海洋中主要的废物类型之一，至少占了塑料废物总量的 10%。“幽灵渔具全球倡议”（Global Ghost Gear Initiative）正在推动解决全球范围内遗失和废弃的渔具的问题，解决方法包括港口的回收和塑料的工业再利用。

296—297 页图

巨兽之海

印度洋中一群抹香鲸的盛大聚会。聚集的功能是社会性的，但在这个过程中，鲸释放了大量的皮肤、尿液和粪便，这些都是海洋的肥料。它们在深处取食，也会把营养物质带到表层，同时它们的尸体把更多的营养物归还给深处。开阔海域的大型鱼类，特别是鲨鱼，也扮演着相似的循环营养的角色，它们沿着海洋运移有机物。越来越多的证据显示，位于食物链顶端的这些大型动物数量的减少损害了整个海洋系统的功能。

后 记

我们的星球，我们的未来

大自然被逼到绝境了。几乎在世界任何一个地方，当你坐飞机透过少云的天空往下看时，映入眼帘的都是人类的标记——智人统治了地面。这个星球只有不到 1/4 的无冰陆地没有人类定居或土地利用的痕迹。地球进入了人类世，这是一个由人类来塑造星球的新的地质时代。现在，不论是好是坏，这都是我们的星球了。

建立一个好的人类世是项挑战。我们想要的并非一个可怕的反乌托邦式的灾难时代，而是一个欢乐的人类世，在此，我们人类接受管理我们星球的挑战，努力成为大自然的好管家。这意味着我们要再次学着热爱大自然，为 100 亿或者更多的人寻找切实可行的方法，既能让我们生活得好，同时又尊重大自然这个支撑我们星球的生命保障系统。这意味着我们需要改变行为方式和消耗的资源，以减少对自然的影响，将我们星球的温度上升维持在 1.5 摄氏度以内。总之，这意味着 21 世纪要进行一场宏大的自然恢复。

在 21 世纪开始时，我们处在科学家所称的行星边界……
超过这个边界向自然索取更多，带来的惩罚多于收益。

右页图

雨林的孩子

加里曼丹岛的印度尼西亚中加里曼丹省的一片森林保护区里，一只幼年的婆罗洲红毛猩猩和它的母亲在取食浆果。它们取食的同时，会散播许多森林树木的种子。这种大猿和树木一同演化，它们的未来也相互关联。婆罗洲红毛猩猩现在是极危物种，由于森林的持续损失——主要是被转变为油棕种植园，也由于捕杀，它们自 1999 年以来消失了超过 10 万只。这个物种的未来需要油棕和造纸厂停止扩张，需要人们严格保护大型森林的长期安全，需要该物种自身保持足够大的种群以抵御灾害性事件如火灾和疾病暴发。

让我们再次成为自然的一部分而不是对手，没有比这更重要的任务了，而且这是可以完成的。这本书讲述了令人痛心的环境恶化，但也发现了许多复苏的种子和希望之地。我们已经看到当我们给自然以时间和空间时，它是如何再生的。

有时候这种大恢复会是传统意义上的自然保护，保护我们仍然拥有的自然，保护链锯下的森林、犁锄与城市扩张下的草地、污染下的河流、毁坏的近岸生态系统，以及气候变化下的各个地方。有时大恢复则是将我们弄乱的地方再次恢复为自然状态，给予自然再生、再形成种群及进化的空间。这需要拆毁篱笆、拆掉河流上的大坝、封闭道路、放弃煤矿，以及将大片海洋设立为禁区。

但我们不能也不应该总是把自己置身于远离自然的地方。有时这个大恢复更像是在星球上做园艺，将我们星球的居住区弄得不那么像农场而更像花园。我们能创造对我们和自然都有价值的景观，通过城市里的树木和花园，通过发展生态农业，通过养护生态系统和野生动植物种群，我们要做的是开发而不是毁灭。

这项任务必须要我们所有人参与。科学家和技术人员应当优先研究出新方法，以更清洁、更有效和更节约的方式提供我们所需。政府需要被告知应当奖励对自然的保护和恢复，惩罚对自然的滥用。最重要的是，我们的内心和意识需要一场革命，我们要控制个人消耗星球资源的胃口，改变人类和自然的关系。

20 世纪对大自然来讲是一场灾难。随着全球人口数量增长了约 3 倍，我们从一个主要生活在农村的物种变成了主要基于城市的物种。我们切断了许多和自然界的联系，随之我们对这个星球的掠夺也变本加厉了。在 21 世纪开始时，我们处在科学家所称的行星边界——超过这个边界，进一步的掠夺和污染明显是危险的，超过这个边界向自然索取更多，带来的惩罚多于收益，这种惩罚不只是对我们，也是对我们的星球。我们在毁灭自身

上图

丛林之花

巴拿马莎柏兰尼亚（Soberanía）国家公园的雨林林冠展示了极其多样的植物物种，这些植物支持了同样多样的动物群落。常年温暖湿润的气候意味着任何时候总有树木在开花结果，这为动物们提供了持续的食物来源。

最根本的生命保障系统：燃烧化石燃料导致的气候变化使沿海城市受到洪水冲击；田野中过量的化肥几乎没有增加作物产量，反而杀死了河流和海洋中的鱼类；一个区域的水坝截留了水，导致下游大范围缺水；为了木材砍伐森林导致数百千米以外的干旱；犁地造成了沙漠；猎人和渔民引起了物种的灭绝，使得整个生态系统失稳。我们必须在太晚之前往回退，并开始宏大的生态恢复。时间很紧迫，但我们确实还来得及，并且我们知道很多需要我们去做的事情。

其中一些是受技术影响的。我们必须结束对诸如煤和石油这类燃料的能量依赖，这种依赖让我们的大气变暖到危险的程度。感谢正在进步的技术，我们现在有了别的选择，我们也正在利用它们。今天在全世界范围内每年投资到可再生能源比如太阳能和风能的资金，是投资到化石燃料的 2 倍。这种改变在数年前是不可想象的。燃煤量已经达到峰值并开始下降。我们或许也在逼近二氧化碳排放的峰值。同时由于能量效率的提升，能量需求的顶峰也许即将出现。

> 也许，只是也许，我们能转变我们的生活方式，转变我们的消费方式和饮食方式，这种转变快到可以保护和恢复自然以及我们最终所依赖的自然过程。

欧洲的能量消耗比起 10 年前已经减少了大约 10%。电动汽车是下一个大变革，可能随后就是电动飞机。人类需要耗费数十年来替换所有不清洁的能源和交通运输的基础设施，但是我们现在知道如何建立碳中和（指不会增加空气中的二氧化碳总量）的全球经济，这是停止气候变化所需的。我们没有失败的理由。

技术进步也使得我们可以更有效地使用这个星球的资源，不论是土地中的金属、森林中的木材，还是河流中的水。我们更少浪费，更多进行循环利用。信息技术使得农民用少得多的水和少得多的化学品来种植作物，结果是我们的河流更充盈、更少受污染。我们用更少的东西做了更多的事。

但是单靠技术不能完成我们的拯救，富裕世界的疯狂消费已经取代人口增长成为大自然最大的威胁。我们人类，我们所有人，必须控制我们的欲望和需求。这是一种文化变革，需要我们重新思考什么是我们真正需要的。是物质财富还是快乐幸福？是数量还是质量？是贪食还是健康？是我们的短期获得还是子孙后代的长期满足？

答案也许会令我们吃惊。我们已经在改变。在富裕国家，人们在缓慢丧失对“实物”（stuff）的嗜好。在这个时代，当人们变富裕后，通常把钱花在需要技能和人力的事情上，比如艺术活动、娱乐活动、外出就餐，而不是拥有更多的实物。大自然会受到更少的潜在冲击。数字技术取代了许多一度扰乱我们生活的小物件——所有东西都到了我们的手机上。在富裕国家，我们也发现如何欣赏那些制作精良、长久耐用的产品，意识到吃更少的肉类及骑车是如何能让我们更健康的同时减少对环境的冲击，感受到绿色空间和接近大自然是如何使我们更为满足的。也许，只是也许，我们能转变我们的生活方式，转变我们的消费方式和饮食方式，这种转变快到可以保护和恢复自然以及我们最终所依赖的自然过程。这是难能可贵的。

但是可以确定的是，没有政府我们做不到这一切。政府要为所需要的全球变化负起责任。

现在是时候运用同样的方法去保护环境了，这是我们拥有良好未来的最基础的需要。

右页图

巨型裂缝

2016 年，沿着巨大的拉森冰架的一部分发展的巨型裂缝，该冰架是南极半岛海岸外陆冰的漂浮延伸。2017 年，一座卢森堡大小的冰山最终分离出来。这块冰仍然在漂浮，因此还没有导致海平面显著升高。但是冰架最终消失将意味着仍然在陆地上的冰将不会留在原地。随着这些冰滑落到大洋中，全球海平面将会随之上升。当前海平面每 3 年上升 1 厘米左右，这是陆冰融化和海水变暖后的膨胀合力造成的。

306—307 页图

北极的象征

夏季，在加拿大北极圈的兰开斯特海峡，一头北极熊和它的幼崽在一块残余的浮冰上休息。在冰块重新冻结并为它提供一个新平台之前，这位母亲将无法捕猎海豹。海冰的范围每年都在回退，未来还会大量消失，这正是北极熊面临的紧迫问题。现在我们仍有时间去阻止气候继续变暖。

我们必须选举出那些愿意承担包括国内的和国际的领导责任的政府。国际团体有许多协议——关于贸易和财政的，关于人权和财产权的。所有这些无疑被认为对超过 70 亿人的全球文明的正常运行十分重要。现在是时候运用同样的方法去保护环境了，这是我们拥有良好未来的最基础的需要。

我们有先例。在 20 世纪的最后 10 年，保护臭氧层和停止屠杀鲸类是我们最值得骄傲的行动之一。但自然作为一个整体，包括它的物种和物种的栖息地以及我们星球上伟大的生态系统和它们提供的服务，在等待它的救星。我们相信现在是时候结束这些严重的失职了。

20 世纪末，1992 年的地球峰会以公约形式传达了两份关于气候变化和生物多样性的宣言，引起了很大反响，但没有一个公约拥有效力。直到 2015 年，气候条约才在《巴黎协定》中找到力量，缔约方承诺阻止气候变化。确保该协定的贯彻还需要很多东西，但现在我们需要为自然做同样的事。

1992 年签署的《生物多样性公约》必须从强烈的愿望变成伟大的行动。我们需要有力的、强制性的全球目标，需要法律保护各种面貌的自然，并需要能获得恰当资助的全球计划，用以恢复森林、湿地、河流、草原、海洋，以及生物多样性本身。正如本书所展示的，这样大规模恢复的要素已经就位。本质上我们知道该做些什么，但如果不尽快行动，很快就可能悔之晚矣。生物多样性每天都在消失，生态系统正在被不断蚕食。按照计划，2020 年末，公约的战略计划将在北京被重写，那时就是必须开始行动的时刻了。这也许是决策者以及我们所有人最后拯救和恢复我们星球的机会了。

一个好的人类世，一个我们与自然共享的人类世，不会来得那么容易。正如世界自然基金会全球总干事马可·兰博蒂尼（Marco Lambertini）所说，“把人类和经济发展与环境退化解耦也许会是任何文明从未经历过的最深刻的文化与习惯的变革”。我们能做到吗？我们必须希望如此。为了我们的星球和我们这个物种的未来，需要一切都不变少。

致 谢

“我们的星球”项目从一开始就建立在网飞（Netflix）、世界自然基金会和银背电影公司（Silverback Films）三方的合作关系上。其目标是制作一组纪录片并形成全媒体，向世界传递我们仍然拥有的大自然奇迹，以及是什么使得它们独特，而我们又该如何确保它们的未来。没有这种合作关系，我们的目标将不可能达成。

第一，我们需要能够给全世界数百万人带来一部引人注目的纪录片。从我们最初提出这个想法开始，网飞公司就相信这个任务能完成，并全程不辞劳苦地支持我们，使其成为现实。网飞团队中有许多优秀人员贡献了很多。其中，有两位从一开始就跟我们站在一起：原创纪录片和喜剧片副总裁西村丽莎（Lisa Nishimura）以及原创纪录片节目部主任亚当·德·迪奥（Adam Del Deo）。尽管制作这个项目非常复杂，但他们总能推动项目的发展，并给出了大量重要的编辑建议。

第二，我们需要将注意力集中到正确的地方和议题上。这个过程中与世界自然基金会的合作是至关重要的。世界自然基金会关于自然世界和自然保护的知识库堪称奇观，这个知识库从多个方面使这个项目变得丰满。做出贡献的人员名单同样很长，但其中两位对目标的实现十分重要。一位是世界自然基金会“我们的星球”项目执行总监科林·巴特菲尔德（Colin Butfield），他与我们一起提出了原始创意，并扮演了一个不知疲倦的、精力旺盛的角色，不断产生新想法并使之实现。另一位是世界自然基金会的首席科学顾问马克·赖特（Mark Wright），他给予了这个项目所必需的科学支撑。不论是在本书，还是在纪录片以及其他各种媒体渠道，“我们的星球”都需要传递准确的信息，而马克确保了这一切。

第三，我们需要银背电影的制作团队。他们的名字被列在后面，毫无疑问他们是最优秀的。他们不知疲倦地工作，克服了大量不利条件，特别是他们还给项目带来很多创意，这种创意在我们漫长的生涯中还从未见过。的确，和他们一起共事很开心。

本书的目标是将“我们的星球”项目的各个方面整合到一起。我们竭力希望这本书有着相当的重要性，让它值得仔细阅读而非简单浏览。我们深知选择重要的议题是一项极度复杂的工作，讲述这些故事需要技巧和方法，我们需要一个世界级的环境记者来使之成为可能。我们认为我们找到了最好的人选，他就是弗雷德·皮尔斯（Fred Pearce）。

作为过去 30 年来世界上最顶尖的环境和科学记者之一，弗雷德利用他毕生的关于自然世界的知识凝练出我们所需要知道的关于我们的星球的要义，同时，至关重要的是我们需要做什么来确保它未来的繁盛。对自然世界及其保护的研究是无限复杂的课题。保护也许会失利，因为人们很少会关注极少数最关键的问题及其解决方法。而在此，弗雷德用极高的技巧呈现了这一切，我们相信这也是本书的特别之处。

制作团队

Adam Chapman
Dan Clamp
Jon Clay
Darren Clementson
Lisa Connaire
Rebecca Coombs
Huw Cordey
Marcus Coyle
Tash Dummelow
Charles Dyer
Amy Ferrier
Alastair Fothergill
Rebecca Hart
Jane Hamlin
Hal Hampson
Jo Harvey
Dan Huertas
Jonnie Hughes
Tara Knowles
Nancy Lane
Sophie Lanfear
Ben Macdonald
Ilaira Mallalieu
Fiona Marsh
Laura Meacham
Susie Millns
Simon Nash
Elisabeth Oakham
Kieran O'Donovan
Sean Pearce
Hugh Pearson
Keith Scholey
Oliver Scholey
Niraj Sharda
Vicky Singer
Mandi Stark
Gisle Sverdrup
Sarah Wade
Hugh Wilson
Jeff Wilson

摄像

Matt Aeberhard
John Aitchison
James Aldred
Guy Alexander
Doug Anderson
Tom Beldam
Levon Biss
Dane Bjermo
Howard Bourne
Ralph Bower
Barrie Britton
Keith Brust
Darren Clementson
Tom Crowley
Sophie Darlington
Tom Fitz
Flying Camera Company
Ted Giffords
Roger Horrocks
Sandesh Kadur
Richard Kirby
Paul Klaver
Denis Lagrange
Tim Laman
Ian Llewellyn
Alastair MacEwen
David McKay
Jamie McPherson
Justin Maguire
Hugh Miller
Blair Monk
Simon Niblett
Nathan Pilcher
Owen Prümm
David Reichert
Tim Sheppherd
John Shier
Andy Shillabeer
Hector Skevington-Postles
Warwick Sloss
Alastair Smith
Mark Smith
Robin Smith
Rolf Steinmann
Paul Stewart
Gavin Thurston
Alexander Vail
Alex Voyer
Ignacio Walker
Tom Walker
Mateo Willis
Miguel Willis

补充摄像

Ryan Atkinson
Steve Axford
Chris Bryan
Jim Campbell-Spickler
Gene Cornelius
Gemilang Dini Ar-Rasyid
Murray Fredericks
Will Goldenberg
Markus Kreuz
Katie Mayhew
Matthew Polvorosa Kline
Edwin Scholes
Sam Stewart
Alex Tivenan
Darren Williams

摄影助理

Santiago Cabral
Ferando Delahaye
Trent Ellis
Neil Fairlie
Joe Fereday
Jeff Hester
Tyler Johnson
Casey Kanode
Jean-Paul Magnan
Felipe Pinzon
Sam Quick
Mark Sharman

现场助理

Sergey Abarok
Hadi Al Hikami
Khalid Al Hikami
Peter Amarualik
Evgeny Basov
Duncan Brake
Timothy Bürgler
Maxim Chakilev
André De Camargo Guaraldo
Einar Eliassen
Jimmy Ettuk
Yoann Gourdin
Juliette Hennequin
Chad Hanson
Carlos Hernández Vélez
Richard Herrmann
Lingesh Kalingarayar
Valeriy Kalyarakhtyn
Norman Kisisipak
Anatoly Kochnev
Peter Koonoo
Maxim Kozlov
Magnus Løge
Tatiana Minenko
Sergei Naymushin
Yelizaveta Protas
Prakesh Ramakrishnan
Nikolai Reebin
David Reid
Israel Schneiberg
Oleg Slovesnyi
Oskar Strøm
Franck Sur
Evgeny Tabalykin
Stanislav Tayenom
Kieran Tonkin
Emily Vaughan Williams
Myloh Villaronga
Emilio White
Andrew Whitworth
Kim Ten Wolde
Mike Wright

补充制作

Kat Brown
Matt Carr
John Chambers
Samantha Davis
James Dubourdieu
Patrick Evans
Nicola Gunary
Rachel James
Rosie Lewis
Rachel Norman
Judi Obourne
Eleanor Perryman
Sarah Pimblett
Elly Salisbury
Gina Shepperd

后期制作

Matt Chippendale-Jones
Films at 59
Miles Hall
Gordon Leicester
George Panayiotou
Wounded Buffalo Sound Studios

音乐

Abbey Road Studios
Philharmonia Orchestra
Steven Price

电影剪辑

Nigel Buck
Andy Chastney
Martin Elsbury
Matt Meech
Andy Netley
Dave Pearce

在线剪辑

Franz Ketterer

配音剪辑

Kate Hopkins
Tim Owens

配音调音

Graham Wild

色彩师

Adam Inglis

平面造型

BDH Creative

视觉效果

AXIS VFX

世界自然基金会团队

Amy Anderson
Paige Ashton
Will Baldwin-Cantello
Mike Barrett
Jessica Battle
Karina Berg
Colin Butfield
Leanne Clare
Sarah Davie
Rod Downie
Louise Heaps
Brandon Laforest
Melanie Lancaster
Michelle Lindley
Gilly Llewellyn
Martin Sommerkorn
David Tanner
Dave Tickner
Sarah Wann
Yussuf Wato
Mark Wright
Julia Young

特别鸣谢

Centre D'Études Nordiques (CEN)
Manuel Duarte
Ecuagenera, Ecuador
Ernest Eblate
Emanuel Goulart
Paul Guarducci
Alun Hubbard
Bazili Kessy
Ben Lambert
Emmanuel Masenga
Mike Oblinski
Salto Morato Nature Reserve, Brazil
Natacha Sobanski
Swimming with Whales (Government of the Azores permit #02-ORAC-2017)
Ann Thiffault
Jared Towers
Don Wilson

冰冻世界 / 两极的白色警钟
Arctic Bay Adventures
Arctic Bay Hunters and Trappers Organization
Basecamp Explorers
Bird Island Research Station researchers, 2016
British Antarctic Survey
Terry Edwards
Greenpeace MV Arctic Sunrise crew
Jean-Michel Moreau-Dumont
Polar Continental Shelf Program, Resolute Bay
Dion Poncet
Resolute Bay Hunters and Trappers Association
Jason Roberts
Ryrkaypiy community, Russia
Government of South Georgia and the South Sandwich Islands
Enurmino community, Russia
Nansen Weber

淡水环境 / 水生万物
BioAqua Pro Kft.
Parque Nacional Natural Caño Cristales
CORMACARENA, Colombia
Crane Trust, Nebraska
Angel Fitor
Florida State Parks: Rainbow Springs & Ichetucknee Springs
Howard T. Odum Florida Springs Institute
Film location courtesy of Audubon's Iain Nicolson Audubon Center at Rowe Sanctuary
Ministry of Information, Youth, Culture & Sport, Tanzania
Nahuel Huapi National Park, Argentina
NSW Government, Office of Environment & Heritage
Platte River Recovery Implementation Program
Tanzania National Parks
Tiwi Land Council and Landowners
Vatnajökull National Park, Iceland
Wes Skiles Peacock Springs State Park, Florida

草原与沙漠 / 旷野的生命之舞
His Highness Shaikh Abdullah bin Hamad bin Isa Al Khalifa, personal representative of His Majsty the King, President of the Supreme Council for Environment, Kingdom of Bahrain
Dave Black
Paul Brehem
Femke Broekhuis, Project Director, Mara Cheetah Project
Hustai National Park, Mongolia
Vladimir Kalmykov, Director, Stepnoi Reserve, Russia
Digpal Karmawas
Mohan Kumar
Samuel Munene
Andrew Spalton
Nikolai Stepkin
Andras Tartally
Jeremy Thomas
David and Judy Willis

森林 / 生境万花筒
African Wildlife Conservation Fund
Beyond Asia
BC Wildfire Service
Sergei Gaschak
High Commission of India, London
McDonald Forest
Ministry of External Affairs, New Delhi
Nehimba Lodge, Hwange National Park, Imvelo Lodges
Oregon State University
Save Conservancy
Sikhote-Alin Biosphere Park
State Specialised Entreprise 'Ecocentre'
WCS Russia

丛林 / 非凡的物种乐园
Crees Foundation, Peru
Veno Enar
Milou Groenenberg
Andrew Hearn, Wildcru
Ministère de l'Economie Forestière, Congo
Mulu National Park, Malaysia
National Film Institute, Papua New Guinea
Philippine Eagle Foundation
Shita Prativi
Jenni Serrano
Sumatran Orangutan Conservation Programme, SOCP
Tawau Hills Park, Malaysia
Wildlife Conservation Society, WCS

近海 / 多彩的边界生活
The Aqua Tiki II crew
The A'boya crew
Eric Coonradt
Ernie Eggleston
Laura Engleby
Great Barrier Reef Marine Park Authority
Garl Harrold
Misool Eco Resort
Fernando Olivares Chiang
Punta San Juan Program, Peru
Philip J. Sammet
Jan Straley
The Truth crew
Carlos Zavalaga

公海 / 最后的野性之地
Alucia Productions
Steve Benjamin
Jean-Christophe Cane
Dan Fitzgerald
Diane Gendron, CICIMAR/IPN, Mexico
Nico Ghersinich
Richard Herrmann
Jennifer Hile
Charles Hood
Danny Howard
Tina Kutti
Haseeb Randhawa
Dr Sandra Brooke
FS Sonne crew and scientists, cruise SO258

图片来源

封面和封底
NASA/BDH Creative/Silverback Films
1 NASA Apollo 8 Bill Anders/data visualization courtesy Ernie Wright NASA Scientific Visualization Studio; 2–3 NASA Apollo 8 Bill Anders; 6–7 Art Wolfe; 5 Hougaard Malan/naturepl.com; 8–9 Mark Carwardine.

引言 / 这是我们的星球
10 NASA; 13 Daniel Beltrá; 14 Emmanuel Rondeau/WWF-UK; 16–17 Oliver Scholey/Hector Skevington-Postles.

冰冻世界 / 两极的白色警钟
18 Justin Hofman; 20–21 Daisy Gilardini; 23 Vincent Munier; 24–25 Paul Nicklen/National Geographic Creative; 26 MZPhoto.cz/Shutterstock; 28–29 Oliver Scholey; 30 NASA image courtesy MODIS Rapid Response Team NASA GSFC; 32 Sophie Lanfear; 34–35 Hector Skevington-Postles & Jamie McPherson; 37 NASA/GSFC Scientific Visualization Studio; 38–39 Florian Ledoux; 41 Chris Linder; 42 Florian Ledoux; 44–45 Sergey Gorshkov; 47 Sophie Lanfear; 49 Paul Nicklen/National Geographic Creative; 50–51 Espen Lie Dahl; 52 Peter Leopold/UiT The Arctic University of Norway; 55 Amelia Brower/NOAA Fisheries Service (Marine Mammal Permit 14245); 57 Matthew Guy Cooper; 58–59 Oliver Scholey.

淡水环境 / 水生万物
60 Design Pics Inc/National Geographic Creative; 62–63 Morgan Heim; 64 Design Pics Inc/Alamy; 66 Timothy Allen/Getty; 68 Paul Souders/worldfoto. com; 70–71 Dhritiman Mukherjee; 73 Mario Cea Sanchez; 75 Chris Brunskill; 76–77 Luciano Candisani; 78 George Steinmetz/Getty; 81 Angel M. Fitor; 82–83 Peter Elfes; 84–85 Mal Carnegie; 86 Peter Mather; 89 John Moran & David Moynahan; 90–91 Charlie Hamilton-James; 93 Alex Mustard/naturepl.com; 94–95 Réka Zsirmon; 96 Imre Potyó; 99 Ronald Messemaker/Minden Pictures/ FLPA; 100–101 Joel Sartore/National Geographic Creative.

草原与沙漠 / 旷野的生命之舞
102 Federico Veronesi; 104–105 AirPano; 107 Anup Shah/naturepl.com; 108–109 Federico Veronesi; 110 George Steinmetz/National Geographic Creative; 112–113 Peter Mather; 117 Marcio Cabral; 118–119 Luciano Candisani/ MindenPictures/FLPA; 120 Tim Flach/Endangered (New York: Abrams Books, 2017) courtesy Blackwell & Ruth; 122–123 Ingo Arndt; 125 Jim Brandenburg/ Minden Pictures/FLPA; 126–127 Joe Riis; 128 Wim van den Heever/naturepl.com; 131 David Willis; 133 Jacques Descloitres/MODIS Rapid Response Team NASA/ GSFC; 134 Luiz Claudio Marigo/naturepl.com; 136–137 Federico Veronesi; 138 Geoffrey Clifford/Getty; 140 Mishka Henner; 142–143 Federico Veronesi.

森林 / 生境万花筒
144 Frédéric Demeuse; 146–147 Jarmo Manninen; 148 Don Smith/Getty; 151 Scotland: The Big Picture/naturepl.com; 152–153 Frédéric Demeuse; 154 Michael Edwards/Alamy; 156–157 Orsolya Haarberg/naturepl.com; 158 Joe Riis; 160–161 Kieran O'Donovan/Silverback Films; 162 Konrad Wothe/Minden Pictures/FLPA; 164–165 Will Burrard-Lucas; 166 Federico Veronesi; 169 Bruno Cavignaux/Biosphoto/FLPA; 170 Laurent Geslin; 172–173 Sandesh Kandur/Silverback Films; 174 Dirk Synatzschke; 177 Axel Gomille; 179 Jeff Wilson; 180–181 Bruno D'Amicis; 182–183 Transworld Publishers – map information courtesy World Resources Institute & University of Maryland/Global Land Analysis and Discovery (GLAD) 2018.

丛林 / 非凡的物种乐园
184 Piotr Naskrecki/Minden Pictures/FLPA; 186–187 Huw Cordey; 188 Nick Garbutt; 191 Chien C. Lee; 192–193 Klaus Nigge; 195 Will Burrard-Lucas; 196–197 Andrea K. Turkalo; 198 Ian Nichols; 201 Paul Stewart/Silverback Films; 203 Cyril Ruoso/naturepl.com; 204–205 Charlie Hamilton-James; 206 Christian Ziegler; 208–209 Huw Cordey; 210 Gerry Ellis/Minden Pictures/FLPA; 212–213 Tim Laman; 214t Tim Laman & Ed Scholes/Silverback Films; 214b Tim Laman; 217 NASA/METI/AIST/Japan Space Systems US/Japan ASTER Science Team; 218 Ton Koene/Alamy; 221 David Coventry; 222 Ben Macdonald; 224–225 Frédéric Demeuse.

近海 / 多彩的边界生活
226 Alex Mustard; 228–229 Greg Lecoeur; 231 Alex Mustard; 232–233 Greg Lecoeur; 234 AirPano; 236–237 Juergen Freund/naturepl.com; 238 Roger Horrocks; 240–241 Gisle Sverdrup; 242 Grace Frank; 244–245 Santiago Cabral; 247 created by Daily Overview/source NASA; 248 Tim Laman; 251 Alex Mustard; 252–253 David Doubilet/National Geographic Creative; 254 Joe Platko; 257 Angel M. Fitor; 258–259 AirPano; 260–261 Transworld Publishers – map information courtesy UN Environment World Conservation Monitoring Centre 2018.

公海 / 最后的野性之地
262 Oliver Scholey/Hector Skevington-Postles; 264–265 Ralph Pace; 267 Dan Rasmussen; 268–269 Steven Benjamin; 271 Richard Herrmann; 272–273 Gisle Sverdrup; 275 NOAA/Lophelia II 2009 Expedition; 277 Hugh Miller/Silverback Films; 278–279 Hugh Pearson; 281 MARUM – Center for Marine Environmental Sciences, University of Bremen; 282–283 Santiago Cabral; 285 Alexander Semenov; 286 Andrea Casini; 288–289 Doug Perrine/naturepl.com; 290 Oliver Scholey; 292–293 Frans Lanting; 294 NOAA/Alamy; 296–297 Tony Wu.

后记 / 我们的星球，我们的未来
298 NASA Earth Observatory images Joshua Stevens/Suomi NPP VIIRS data from Miguel Román NASA's Goddard Space Flight Center; 301 Tim Laman; 302 Christian Ziegler; 305 NASA photograph John Sonntag; 306–307 Florian Ledoux.

311 Alex Hyde/naturepl.com;

许可：16 和 262（墨西哥环境与自然资源部，科学研究许可 01823-17）；55（海洋哺乳动物许可 14245）